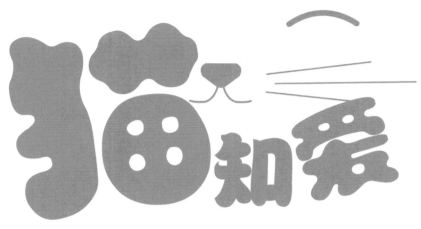

猫知爱

[日] 石田孙太郎 著

王新民 王熹微 译

黄 捷 绘

山东城市出版传媒集团·济南出版社

图书在版编目（CIP）数据

猫知爱 / (日) 石田孙太郎著；王新民，王熹微译；黄捷绘. -- 济南：济南出版社，2024.1

ISBN 978-7-5488-6013-6

Ⅰ. ①猫… Ⅱ. ①石… ②王… ③王… ④黄… Ⅲ. ①猫—驯养 Ⅳ. ①S829.3

中国国家版本馆CIP数据核字(2023)第248691号

猫知爱 MAOZHIAI

[日] 石田孙太郎 著 王新民 王熹微 译 黄 捷 绘

出版人 田俊林
责任编辑 朱 琦 代莹莹
责任校对 于 畅
装帧设计 胡大伟

出版发行 济南出版社
地 址 济南市市中区二环南路1号（250002）
总编室 （0531）86131715
印 刷 山东联志智能印刷有限公司
版 次 2024年1月第1版
印 次 2024年1月第1次印刷
成品尺寸 148mm×210mm 32开
印 张 9.25
字 数 143千
定 价 56.00元

不搭理你

像猫一样

只取悦自己
不讨好他人

生命也许会更精彩

喵喵……

从哪里来

猫要是没事求你
或是它心情不爽的时候
你就是叫它也不会搭理
反而会将脸扭向别处
有人说
猫能读懂人的脸色
而实际上
更多的时候
猫是最不在乎
人的脸色的

喵喵……
年年有鱼

序一　猫咪是家庭一员

佐佐木忠次郎[①]

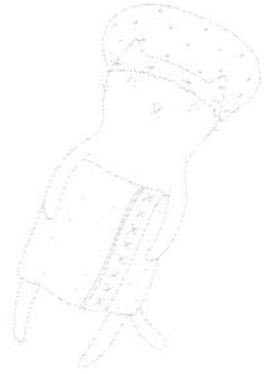

西欧各国十分流行养猫，养猫的相关著述有很多，而且在养猫的技术方面有广泛的交流，猫的优良品种也是层出不穷。再来看看我们日本，自古就有家庭养猫，猫咪也早已被看作家庭的一员，有关猫的著述不少，但大都是戏剧随笔之类，并没有专门讲述养猫知识的书问世。近些年来，随着鼠疫的流行，人们逐渐认识到利用猫的天性来捕捉老鼠的好处，政府也开始实施奖励养猫的政策。但是，人们普遍缺乏养猫的知识，同时在对猫的感情上也存在偏差，这必然会给政府鼓励养猫政策的

---

① 佐佐木忠次郎（1857—1938）：理学博士，日本明治、大正、昭和时期的昆虫学家。日本近代养蚕学、制丝学的创始人。

落实带来阻碍。此书的作者石田孙太郎君，是一位长期从事养蚕行业的专家。多年来，他亲自养猫，观察猫的种种生活习性，阐述养猫的经验，列举猫的美谈，完成了这样一部有趣的作品。付梓之际，委托我为之作序，使我能够先睹为快。诚如作者书中所言，这本书虽然不是科学研究的论文，但阅读之后，有关猫的各种知识也就大致明白了。

我为作者的著作问世而深感欣慰，特此推荐给读者诸君。

我相信，与推行政府奖励养猫政策直接相关的村镇官员，还有与养猫关系紧密的各位夫人，你们一定能够从这本书中有所收获。我殷切地期待作者进一步深入研究，并热忱地邀请各位朋友一读此书。

谨此数语，聊以为序。

明治四十三年（1910）三月

序二　没有幽默感的人无法欣赏猫

户川秋骨[1]

一直以来，我对猫这个题材就有着很深的情结。一方面考虑如何在文学上表现，另一方面打算做一些技术上的研究。但是，至今什么都没有做。如今前者成了夏目漱石先生的专利，后者便有了这本书的作者——石田君悉心观察与潜心研究的结果。虽然我一直以来的愿望被他人捷足先登，不过既然夏目氏和本书作者进行了具有开拓性的工作，对于我来说，何尝不是一件求之不得的大好事？我丝毫也没有被别人夺了所爱的失落感。

在这个世界上，喜欢猫的人虽然为数不少，但总的来

① 户川秋骨（1871—1939）：日本评论家、英国文学研究家、教育家、翻译家、散文作家。户川秋骨有大量的散文作品和翻译作品遗世。从 1949 年起，《三田文学》杂志社设立了“户川秋骨文学奖”。

说，猫并不讨人喜欢。尤其是与狗相比，如果说起猫与狗孰优孰劣，人们一般都会说猫不好。这些年来，托罗伯特·科赫[①]博士的福，猫在人们心目中的地位有了大幅度上升。但这种变化是基于猫的实用性，对于猫的趣味与观赏性的认知，并没有多少改观。猫是一种很有趣、很搞笑的动物，如果不能理解这一点，要想让人们都来喜欢猫，就是一件很难的事情。养猫的目的，主要在于欣赏它们那种幽默趣味。夏目氏笔下的猫，所具有的趣味性是文学层面上的，因而具有更深层的意味，没有幽默感的人是无法欣赏的。猫是一种不讲礼节、旁若无人、冷漠的动物，因此，在人们的心目中，它并非家庭不可或缺的家畜，也许这正是猫的有趣之处吧。就其情趣而言，在有关猫的作品当中，最令我钦佩的，还要数在耶稣诞生图上绘制的猫，这位画家具有非凡的观察力与想象力。面对天下为之震动的耶稣诞生这样的大事，就连圣哲贤人们都必须顶礼膜拜，可猫并不在乎，它爬上房顶，自顾自地做它的香盒，一副漠不关

① 罗伯特·科赫（1843—1910）：德国医师兼微生物学家，细菌学始祖之一。1905年，因结核病的研究获得诺贝尔生理学或医学奖。科赫因发现炭疽杆菌、结核杆菌和霍乱弧菌而出名，发明了一套用以判断疾病病原体的依据——科赫氏法则。以他的名字命名的罗伯特·科赫奖是德国医学最高奖。

心的样子。我认为，构思这样的场景，才是大家手笔——既体现了猫冷漠的本性，又表现了它不讲礼节、无法无天的个性，同时，也向世人揭示了猫的有趣之处。然而，在长期以儒教治国的日本，人们很难有机会了解猫的趣味，民众对于猫的知识也知之甚少。

但是，如今石田君将他的研究成果展示了出来，为读者揭示猫的种种情趣，这实在是件令人快慰的事情。我也为此替世人感到高兴。石田君写作这本书，完全可以说是做了一件破天荒的大好事。我殷切地期待每个家庭——无论您养的是什么猫——都能在书斋里或是火炉边备上这本书。

自序 本书是我的“感情用事”

众所周知，在日本，狐狸与猫这两种动物是既惹人怜爱又招人愤恨的。狐狸自古以来就有许多通灵的美谈，令人心生敬畏，可猫总是招人嘲讽憎恶，没人说它们的好话。狐狸作为野生动物，我们姑且不论。而在人们饲养的家畜之中，还没有见过像猫这样饱受非议的。

作为爱猫一族，我岂能容忍这样的局面发展下去？我总是惦记着要给猫“鸣冤昭雪”。不过，我想，如果没有足够的证据，只是虚张声势的话，也是徒劳无益的。还得亲自实验、取得证据才是。于是，从六年前开始，我就养了四只小猫，从它们的生活习性到精神状态，仔细观察，悉心揣摩。在此期间，由于自己的疏忽，曾经误伤过猫命，也曾被人偷走过猫咪。我试图进行过猫系族谱的调查，但以我这样浅薄的学识和孤陋的见闻，很多问题都解决不了，也就只好不了了之。不客气地说，就连猫是何物这样的基本问题，我也还没有弄得很清楚。

这么说来，也许我不仅没能给猫什么帮助，反而可能连累了它们。好在，去年来了个罗伯特·科赫博士，政府出台了奖励养猫的政策。我写这本书，多少也有给政府制定奖励养猫的政策提供依据的意思吧。这些文章原是我给《时事新报》[①] 的投稿，由我口述，家人代为书写，笔误在所难免。另外，在各个章节当中，也难免存在叙述重复的现象。

我在报纸上的连载发表之后，得到了热心读者的指教。有的指正我的谬误，有的责备我的浅薄，也有的谬奖我的文章……总之，这一切关心都令我汗颜。那些对谬误的订正、对浅薄的责备，都是最真情的忠告。我相信，这些文章不仅仅使我个人受益匪浅，对于猫咪们来说，更是有着极大的帮助。报纸上的连载结束后，我就答应出版这本为猫咪们“沉冤昭雪”的著述。而在编撰这本书的过程中，我觉得自己不懂的东西很多很多，懂

① 《时事新报》：由福泽谕吉于 1882 年在日本创刊。

的东西少之又少，实在感到有些羞愧。不过，话又说回来，不懂的姑且留着，作为日后研究的课题吧。我参照了国外一些著述的写法，学着陈述自己的想法，这才有了这本书。

如前面所叙述的那样，本书在许多方面的研究都存在缺陷。例如，猫的眼睛为什么会有各种不同的颜色？母猫生下的同一窝猫崽子，毛色为什么会不一样？……这些读者很关心的问题几乎都没有涉及。就连猫的日常生活、猫的情感世界的研究，也都只是基于对自家猫咪的观察而得出的结论。也就是说，本书的研究基础，主要是我家的那几只猫，观察和研究的范围很窄，取得的数据也有很大的局限性。所以，这本书并非科学研究成果，只能说是我感情用事，出于对猫咪们长期以来遭受不公平待遇的同情，出于为它们洗刷冤屈的目的而写的。简而言之，我写这本书，就是因为猫是一种很可爱的家畜，同时，也想为政府推行的养猫奖励政策助一臂之力。我想，这本书出版之后，我肯定会受到批评和指责。但没关系，我会根据读者的意见，及时修正谬误，尽量把正确的知识传递给大家。

如果这本书，哪怕只有一点点能够帮您化解对猫咪们的误解，我就感到很满足了。这也是我出版这本书的初衷。最后，我还要借这本书出版的机会，感谢给予我许多鼓励的佐佐木博士和户川秋骨先生。同时，还要向为本书的付梓而付出辛勤劳作的友人——上田仁左卫门先生致以诚挚的谢意。

石田孙太郎

1910 年 3 月于蓝染河畔

猫是我们的一个“家人”

猫是我们想成为的那个自己

我们在猫身上看到了自己的影子

目录

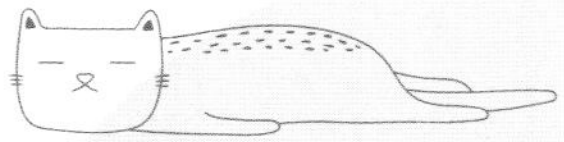

今天我们来说说猫

我是虎猫平太郎

猫的传奇

猫的日常生活

猫的智商与情商

不可小觑的“特异功能”

附录一　猫之种种

附录二　猫辞典

喵喵……

今天我们来说说猫

猫是最不在乎人的脸色的。当它不搭理人，不搭理任何东西，只想独自待着时，或许正沉溺在没有被驯化的野性梦想之中。

与石田孙太郎同时代的作家笔下都有过猫生动的影子，来看看名人是怎么说猫的……

猫用尾巴打招呼

谷崎润一郎[1]

在寺田寅彦[2]先生的随笔中，曾经写过猫的尾巴。他说："真不明白，猫长尾巴有什么用？人没长尾巴是件多么幸运的事情啊。"我读他这段文字的时候，就有不同的想法。我时常想，自己要是也能像猫那样，长一条尾巴该多好啊。喜爱猫的人都知道，当主人喊猫的名字时，猫就会发出"喵——"的一声，打声招呼，然后轻轻地摇一摇尾巴，等候主人的吩咐。冬季，遇上阳光

① 谷崎润一郎（1886—1965）：日本小说家。从明治末期到第二次世界大战后昭和中期，始终从事文学创作，是享誉日本国内外的文学巨匠。

② 寺田寅彦（1878—1935）：日本的物理学家、随笔家、俳句诗人。有许多写猫的随笔文章遗世，如《老鼠与猫》《仔猫》等。

充沛的日子，猫蹲伏在廊檐下，很端庄地蜷缩着两条前腿，似睡非睡地享受着阳光的温暖。这时，主人要是叫它的名字，会怎样呢？如果是人的话，要么就是嫌烦——人家好不容易有个好心情，来捣什么乱？要么就是装睡。但猫不一样，它会采取折中的方式，朝你摇一摇尾巴，而身体丝毫不动，同时，耳朵会迅速转向声音传来的方向——耳朵的事情我们暂且放下不说——一副闲适安然的样子，眼睛依旧半睁半闭，只有尾巴尖晃动那么几下，算是回应主人。如果再喊它一声，它还是摇两下尾巴。假如再叫，它可能就不再回应了。两三次之内，猫还是讲礼貌的，多了就不再理睬了。人看到它在摇尾巴，就以为它还醒着，但它也许已经处于半睡眠的状态了，只是尾巴条件反射般地动那么几下。总之，猫用尾巴打招呼，会给人一种微妙的感觉。在这种场合下，发出声音作答很麻烦；而如果总不吭声，又显得不够礼貌。选择这样的方式，应该最是妥当吧。我想，此刻，猫的心情大概是这样的：很感激主人叫它，但确实很困，很想睡觉，希望主人不要来打扰……如此复杂的心情，用这么个简单的摇尾巴的动作就解决了，又怎能说猫的尾巴没用呢？人类没有尾巴，遇到这样的情况就很难找到恰当的表达方式。猫究竟是不是真的有这么细腻的心理活动，另当别论。可是，当我们看到它摇尾巴的时候，大概也只能这样理解吧。

我为什么会想到谈猫的尾巴这个话题呢？这里还真有个不为人知的秘密。其实，我常常幻想自己也能长出条尾巴来，所以就特别羡慕猫。比如，当我坐在书桌前写作或正陷入紧张的构思中，家人突然闯进来，跟我聊起琐碎家事的时候，我要是也有尾巴的话，不就可以对着他们摇两三下了？那样既不得罪人，又不影响我的写作或思考。说实话，让我最深切地感受到尾巴的必要性的，是在有客来访的时候。平素，我不怎么愿意见客——当然，那些意气相投者，那些值得尊敬的朋友除外——很少自己主动去拜访别人，更多的是处于“被谈话”的境地。有事情要谈当然另当别论，如果是随意闲谈的话，有那么十分钟、一刻钟也就足够了。可我是听众，客人侃侃而谈，我也没办法，只好洗耳恭听。但听着听着，思想就开了小差，又回到了自己的创作或思考的世界里。偶尔答一句“对啊”“是的”，完全心不在焉。有时，自己也会突然意识到失礼了，就赶紧把思绪拉回来。即便如此，也坚持不了多久，又故态复萌。每逢这样的时候，我就会幻想自己长了条尾巴，不需要再用“对啊”“是的”这样的一些敷衍词语去应付，只要摇一摇想象中的尾巴，就把什么事情都解决了。遗憾的是，我自己想象的那条尾巴与猫的尾巴不同，是没法拿出来给客人看的。尽管如此，就自己的心情而言，摇不摇尾巴，感觉上还是不太一样的。即使对方感觉不到，我也会在心里摇自己的“尾巴”，以示对来宾的尊敬。

猫之墓

夏目漱石[1]

搬到早稻田以后，猫就越来越瘦弱，再也提不起精神来跟孩子们玩耍了。有阳光的日子，它总是睡在廊檐一侧，前脚并拢，把脸趴在上面，呆呆地望着院子里的盆栽，一动也不动。孩子们在身边怎么吵闹，它也没有丝毫反应。这样一来，孩子们也就不愿意再跟它玩了。这猫已经不能做玩伴了，过去的老朋友都不认它了，就连家里的女佣，除了每天给它在厨房的角落里送三顿饭

① 夏目漱石（1867—1916）：原名夏目金之助。日本明治、大正时代的作家、时事评论家、英国文学研究家。1905年，他凭借小说作品《我是猫》一举成名。1907年，开始为《朝日新闻》写连载小说（包括《虞美人草》《三四郎》）。夏目漱石暮年追求“则天去私”的理想。1911年，他拒绝接受政府授予的博士称号。

之外，也几乎不再管它了。而本属于它的食物，差不多都被在家里四处转悠的三色猫吃掉了。即便如此，这只猫也没有发怒，更没有要与三色猫打架的心情，只是躺着睡觉。它的睡法让人看着都揪心。它不再像过去那样，伸长身体，滚来滚去，享受阳光的温暖。而是完全处于一种松弛的状态，躺着不动的话，似乎很难受，但要是动的话，好像更难受。它就那么一直坚持着，眼神始终没有离开过院子里的盆栽。它好像对花木的叶子、树干已经没有了意识，那蓝中略带黄色的瞳孔，总是恍恍惚惚地盯着同一个地方。家里的孩子们似乎已经忘记了它的存在，而它自己似乎也不太清楚这个世界的存在了。

不过，它有时还往外面跑，好像有什么事情要办似的。只要它一离开窝，家里的那只三色猫就会追它。每当此时，它就会露出很害怕的神情，跳出廊檐的平台，冲过竖着的拉门，躲到屋里的壁炉边上。只有这时，家里的人才意识到它的存在。也只有这个时候，它才意识到自己还是活着的，一种满足感油然而生。

就这样日复一日，猫尾巴上的长毛开始脱落。刚开始只是一点点地掉毛，出现了细小的坑洼，后来尾巴上的毛慢慢全掉光了，露出了红红的肌肤。它整天耷拉着尾巴，看上去一副可怜的样子。它露出很明显的疲惫神色，已经懒得再蜷曲自己的身躯，不停地舔舐身体上的疼痛部位。

“哎，这猫是怎么啦？”

“还不是年纪太大了……”

我问的时候，老婆这么冷淡地回答我。我也没办法，只好就这么让它去。过了不久，猫开始呕吐，而且连续呕吐了三次。它的喉咙口有白色液体涌出来，还一个接着一个地打喷嚏，发出呼噜呼噜的声响，很痛苦的样子。可没办法，我还是得把它往外赶，不然榻榻米上的坐垫就要全被它弄脏了。那些为来客准备的外饰华丽的坐垫，差不多都是被它弄脏的。

“真没办法，这猫是得了肠胃病了。你给它冲点宝丹水①喝吧。”

我这么对老婆吩咐道。老婆没吱声。又过了两三天，我问老婆给它喝宝丹水的事。老婆回答道：“给它喝它也不肯张嘴。”我对她说：“给猫吃些鱼刺的话，它就会张嘴吐的。”她一脸不高兴的样子，给猫喂了一些它平时喜欢吃的鱼刺。猫虽然想呕吐，但还是那么安然地

① 宝丹水：日本一种健胃的药物。

躺着，身体在不停地抽动，想方便只能在它一直躺着的廊檐旁边半坐半蹲地解决。同时，我发现它的眼神也有了一些变化。原先在它的瞳仁上还能看到映照着的远处的景物，随着时间的推移，映在它瞳仁上的那些景色就逐渐消失了，眼睛的颜色也慢慢地黯淡了下来。谁都不管它了，我老婆也不再理它了，孩子们更是早就把它忘得一干二净了吧。

一天晚上，猫躺到了孩子们卧具的边上。不一会儿，就听到它的嘴里发出了以前捉到鱼时“喵——喵——”的叫唤声。我突然有了一种惊奇的感觉。孩子们都已经熟睡，老婆正在专心做针线活。过了一会儿，猫又开始哼哼起来。老婆停下了手里的针线活，凝神谛听了一会儿，又开始缝她手里的衣服袖子。我想，猫要是咬孩子们的头就麻烦了。此时，孩子们的卧房里又响起了猫的哼哼声。

第二天，它趴在暖炉边上，也是这么哼哼了一整天，似乎对我们倒茶、取药罐子都很厌烦。到了夜里，老婆已经把猫的事情忘记了。其实，猫就是在那天晚上死去的。早上，女佣从后面的杂物间往外拿柴火时，发现猫的尸体已经僵硬了。它是死在旧炉灶上的。

我老婆听到女佣报信，连忙过去看了猫的尸体，并且一改冷淡的态度，忙乎了起来。她让外出办事的车夫买来一块四角形的墓碑，让我写点什么。我在墓碑上写了“猫之墓”三个大字，又默默地祈祷，愿它能在彼岸安息。

“就这么埋了吧？”车夫问道。

“难道不用火葬吗？”女佣自言自语道。

孩子们听到猫死了的消息，对猫的爱心突然又涌现了出来。

他们在墓碑的左右两边贴了些饰物，还插了许多胡枝子花。在碗里装上水，供在猫的墓前。而且，每天都会换水换花。第三天傍晚，我透过书斋的窗户看到，我四个女儿当中的一个来到猫的墓前，先是盯着白木的棍子看了一会儿，接着又用手里的玩具勺子舀了些猫墓前碗里的水喝了，还喝了不止一次。在寂静的暮色之中，落满胡枝子花的水，就那么一次又一次地沁润着我爱女的咽喉……

每年，只要到了猫的忌日，妻子都不会忘记在猫的墓前供上一段鲑鱼，还有一碗撒了鲣节鱼干的饭食。直至今天也是如此。不过现在已经不再拿到院子里去供奉了，只是放在起居室的桌子上。

从猫身上看到自己的影子

丰岛与志雄[①]

我常常有希望独处的心态。不愿意见人，不愿意说话，只想独自一个人待着默默地做梦。我往往在意志消沉的时候，容易出现这样的心态。

我总在想，要是能找到纯白或者纯黑的长尾巴猫，就养它几只。但我不要那种只能关在屋子里单纯供玩赏的外国品种，而是要能够从窗户里自由出入的、带有一些野性的日本猫。那种经过人工改造的短尾巴的猫不行，一定要是天然的长尾品种。并且，从动物的体质上来看，纯色猫要比杂色猫虚弱，抵抗力也要弱一些，这也可以

① 丰岛与志雄（1890—1955）：日本小说家、翻译家、法国文学家、儿童文学家。日本法政大学名誉教授，明治大学文学部教授，日本艺术院会员。

说是我要养纯白或是纯黑色猫的缘由吧。

为什么我想养猫呢？我觉得，猫在宠物当中，是最接近人类生活的类型。它们与人住在一起，吃在一起，甚至睡在一起，却没有狗那样的奴性。如果有求于你，它就会一边从喉咙里发出呼噜声，一边来你身边磨蹭。要是没事求你，或是它心情不爽的时候，你就是叫它它也不会搭理，反而会将脸扭向别处。有人说，猫能读懂人的脸色，而实际上，更多的时候，猫是最不在乎人的脸色的。它们还喜欢一动不动地蹲在院子的角落里、檐廊的旁边、桌子上，大概也是不愿意见人，不愿意说话，只想独自待着，默默地做梦吧。况且，猫还具有肉食动物的野性，身上还残留着某些无法被驯化的东西。

我仿佛从猫的身上看到了自己的影子。当我不愿意见人，不愿意说话，只想独自一个人待着的时候，那种意志消沉的心态，无论是从道德层面、生活习惯层面，还是从人际关系上来看，都没有什么问题；但如果深入追究的话，这种情绪的深层，或多或少还是存在着某些蠢蠢欲动的野性，存在着某些无法被道德、习惯完全驯化的东西。就在那些残留的野性因素当中，最有可能潜藏着艺术的萌芽。

艺术，是一种创造性的灵感，而这种灵感往往建立在那些未经驯化的东西之上。缺乏这些“未经驯化的东西”的话，艺术就失去了它的创造性，其生命力就会变得十分稀薄。猫的那些野性之梦，使其暂时离开那柔软温顺的外表，回归到它最初的野性世界。那个野性世界，布满惊奇与恐怖，便演化出种种关于猫的“怪谈”。猫的怪谈，更多反映的是猫的“道德美”，例如知恩图报、为主复仇之类。由此扩展开来，进而在精神层面形成了一种奇异的力量。

类似的奇异力量往往存在于优秀的文艺作品中。在某些条件下，经过艺术加工，猫的这些“怪谈”也是能够成为优秀文艺作品的。不过，经过艺术加工之后，这些“怪谈”也就失去了原本的味道。所谓“美谈”，应该是完全驯化之后的东西；而猫也好，“怪谈”也罢，却是没有被完全驯化的东西的残留。

前段时间，在朋友的斡旋下，我养了一只长尾巴、纯白色、双目异色的猫。它是今年正月里出生的，经历过它的第一个炎夏酷暑，还有些不适应。它大部分时间能与人类嬉戏玩耍，和平相处，但有时也会不搭理人，不搭理任何东西。看得出来，在那样的时候，它是完全沉溺在没有被驯化的野性的梦想之中的。我默默地注视着它的举动，也沉溺于未被驯化的梦想的虚幻世界里。那样的梦想为什么会在猫的身上残留了那么多，在我的身上残留了那么多？而我又为什么会因为这种“残留”而兴奋不已？当这样的“兴奋”激励着我的时候，便是我的创作力最旺盛的时候。

流浪猫观察记

柳田国男[1]

一

我一个瑞士朋友讲了一件事。一天，有个教语言学的女教师哭丧着脸找上门来。当时，正值当地市政府将“养犬税”涨了三成。女教师说她现在真的没有能力承担这笔税务。在这之前，她本来也是养不起狗的，但一直都咬着牙坚持。没办法，今天早上她把狗送给“官府”了。她说完又忍不住伤心落泪起来。

她所说的“官府”，指的是由瑞士政府专门设立的“杀狗局”。瑞士与东京不同，如果不交税，狗是一条也不

① 柳田国男（1875—1962）：日本民俗学开拓者、日本民俗学研究家。1949 年任日本学士院会员，1951 年获得文化勋章。他的许多专业著作具有很高的学术价值，至今还一版再版，受到读者欢迎。

让留的。许多被人遗弃的狗大概就要饿死在大街上。当时，还没有“流浪狗”这个词语，人们还不知道要这么称呼它们。如今，养狗的文明已经有了明显的进步。即便是在日内瓦，街上也能看到许多活蹦乱跳的狗了。

据我观察，独居的人往往比较喜欢养狗。我们常常会看到跟狗讲话的老人，也常常会看到从三楼或五楼的窗口探出头来，默默注视行人的狗。雨后初晴的日子里，许多人都忙着遛狗。主人外出时，狗会在家门口惶惶不安地等着主人归来。看着那可怜样儿，人们马上就会生出怜悯之心。主人外出旅行或是生病的时候，也可以把狗送到专门的寄养商店去。

那么，猫的情况又是怎样的呢？首先，日本政府没有设“养猫税”。尽管如此，养猫的人还是要比养狗的人少得多。在日本，人们几乎已经形成了“狗是家丁，猫是家畜”这样一个共识。猫几乎成了一种累赘，要是出门的话，只留猫在家就会很不放心。并且，现在捕捉老鼠也有了新的方法。就总体而言，人们表现出了疏远猫的倾向。

古代“命妇的御许”[1]那些有趣的故事，早已成了往昔的美好传说。日本国内有人称，要是过于宠爱猫的话，它就不会捉老鼠了。猫的主人也越来越不把喂养猫当回事了。老鹰和乌鸦现在已经不可能进城来了，路边死去的老鼠即使腐烂了，猫也不会去吃。可见，如今猫的食物该是多么丰盛。如今的猫，即便没有人类的保护，也能生存下去。在这样的条件下，人与猫的关系疏远，亦是必然趋势。

二

威尼斯是座水城。我旅居在丹尼尔酒店时，曾听店长说过，他家酒店的地下室聚集了众多的流浪猫，并因此而闻名全城。俗话说，好东西不会忘记做广告。在酒店发的旅游手册上，也饶有兴致地写了这些内容。并且告诉旅客，如果有兴趣参观的话，酒店可以提供导游。手册上还写道：威尼斯的地下室，能够想象得出来空气

① “命妇的御许”：见日本平安时代的女作家清少纳言所写的《枕草子》。说的是日本古代的一条天皇十分喜欢猫，他给猫任命了官位。“命妇”是贵族的排位，名列第五；“御许”是赐予高贵女性的敬称。一条天皇授予猫的这个官位相当于中等贵族的身份。

是多么的潮湿。而在那么阴暗的地方，到底栖息着多少野兽般的猫，谁也不知道。酒店的职员还说，他们每天都会给这些流浪猫投放食物。这些猫虽说不是地道的流浪猫，但至少也不是家养动物吧。

听到他们这么说，我不由得想起了日本做生意的人家，有在柜台上供奉“招财猫”的习俗。我不知道丹尼尔酒店是从什么时候起大做流浪猫的广告的，但是，在一家古老酒店的地下室里，又怎么会没有猫呢？平时，总有人给流浪猫投喂食物，但那些投喂食物的人并不会收养它们。这样一来，流浪猫也就只有躲进地下室繁衍生息一条路了。世间大概不会有像憎恨主人而躲进山林的祇王祇女①那样的猫吧。

罗马这座冬季也很暖和的城市，不仅是流浪汉们过冬的好去处，也是没有住处的流浪猫的乐园。那些大大小小的废墟，都是流浪猫的领地；那些倒在地上的神殿石柱间，那些新挖开的王家墓穴里，都是它们的世界。只要有人来，它们就会立刻四处逃散……看上去，这些流浪猫已经完全脱离了人类的庇护，开辟了自由生活的

① 祇王祇女：日本古籍《平家物语》中的人物。祇王祇女为两姐妹。

新天地。它们这种群居生活，是怎么在意大利这种特殊的环境中形成的呢？估计今后一定会有对这类问题感兴趣的旅行家，专程前来古都访问吧。

三

猫与人最早是怎么打上交道的？猫这种动物是怎么扩散到全世界的？类似这样的历史问题，目前都还没有答案。不过，这些都已经成为往事了。如今人们对于猫的看法，也不同于过去，已经发生了很大的变化。而且，这种变化可以说是全球性的。

我回到东京之后，发现自己家里还像以前一样，住着一个流浪猫家庭，与我的家人和睦相处。那家流浪猫的特点是，身上的毛色红白相间，脸形扁平凹陷。这种类型的猫，一代代地繁衍到现在，品种也是大同小异。这家流浪猫好像在我大女儿出生前就已经在这里安营扎寨了，后来大概再也没有搬走过。我记得，最初搬到我家廊檐下打算住下的那只母猫，模样还挺优雅。想必是与原来的主人家相处出了问题，才搬到我家来的。可是，随着时间的推移，它的脾气一年比一年暴躁，样子也越来越傲慢。有时，从院子里一穿而过，并不看人一眼。不过，它看到我还是不敢放肆的。而且，在乞求食物时，它们也比家养的猫懂得更多的技巧。

每到春天，那只母猫就发出很大的声音叫春，然后会有一段时间消失得无影无踪。当它再一次进入我们视野的时候，我们就会听到幼猫轻微的叫声了。这时，猫妈妈也会尽量避开人，目光里充满警惕。几个月之后，它就会领着猫宝宝出现在人面前。它生的那些猫宝宝长相都差不多，白色的皮毛上布满红色花纹。若是细心观察就会发现，它们有的提心吊胆地注视着人，有的旁若无人地四处张望。如果离人远的话，它们也会蹲着观察

人的举动。要是招呼它们，它们也会“喵——”地应答一声。如果家里的老人不特别讨厌猫的话，他们的怀柔之心，往往也是有希望让流浪猫慢慢变成家养猫的。

那些流浪幼猫很快就长大了，并且都变成了根本就没法接近的野猫。没过多久，它们又生了小猫。由于它们的毛色都一样，所以也没法计算到底生了多少代。不过，粗粗估算一下，大概也有十多代了吧。但是，有一个很奇怪的现象，就是老猫的数量不见增加，也不知道它们都去了哪里。那些幼猫虽然生得很快，但一眼就能看出它们的年龄。我想，流浪猫群里之所以年轻的猫居多，大概是因为它们比家养的猫寿命短吧。

流浪猫由于没有主人的约束，因而显得特别悠闲与自由。我从房间的玻璃窗户往外看，能看到它们每天都会从前面的院子里出出进进许多次。它们还会爬到树枝上，或是趴在草地上，自娱自乐，独自玩耍。白天家里没人时，它们不只待在廊檐上，有时还会跑到客厅里来睡觉。我要是发出声音的话，它们即刻就会跑得没了踪影。下雨天，也许是被雨淋得受不了吧，它们会一次次地隔着拉门的缝隙，悄悄窥探屋里。一旦看见有人在家，它们就会“喵——喵——”地叫。奇怪的是，在这群流浪猫中，有一只猫，小的时候就很温顺。孩子们给它起名“阿玉”，每天给它投喂食物。它到院子里来的时候，甚至都可以让人抱在手里玩，很喜欢与人亲热。它的毛色完全是属于这个家族的，但举止表现与众不同，想必是一种遗传变异的现象吧。然而，这只猫长大之后还是与人疏远了，跟它的其他伙伴们再没有什么两样。

四

猫与人的这种若即若离的倾向性,实际上早就有了。这大概是猫与人之间的关系，远不如牛马鸡犬这些动物与人的关系密切的缘故吧。而人类对猫也是心存戒备、缺乏信任的。正如梅特林克[①]在他的戏剧作品《青鸟》中所刻画的那样，幼猫是一个自私、狡猾、心眼颇多的角色，而小狗的性格则倔强、聪明、忠诚。再就是，对于讲求实用主义的人类来说，猫除了能够捕捉老鼠之外，再无别的用处了。所以，人们不像重视其他家畜那样对待猫，也可以说是情有可原吧。

说起猫的怪异之处，我最先想到的是，人们不知道

① 梅特林克（1862—1949）：比利时诗人、剧作家、散文家。1911年诺贝尔文学奖获得者，其作品的主题主要关于死亡及生命的意义。

猫的最后归宿。它们像是自然消失了一样，死在何处，人们一无所知，而狗却不是这样。所以，人们就发挥自己的想象力，说猫老了就变成了“妖精”。还有人相信“阿苏山猫岳”[①]的传言，说猫在深山里有固定的集合地点，一到时间它们就会去那里集合。小时候，我听祖母说过一个故事，说是信州地方有个人，病床周围总有许多猫围着，赶也赶不走。他很讨厌猫，这样的环境使他很烦恼。所以他见人就说：“等我病好了，第一件事情就是把这些猫扔掉。”不久，他的病好了，他就用被单将那些猫包在一起，拎出家门打算扔掉。可是，最后不光猫不知去向，就连他自己也没有回来。

猫学说人话的故事也很多。这也是我从祖母那里听来的。比如，有一个故事讲的是，每到春天，门前的街上就有叫卖豆子的小商贩。一天，外面静悄悄的，只听见门外传来“豆子——卖豆子啦——”的叫卖声。这个叫卖声，听上去要比平时商贩的声音小一些。打开门一看，

① “阿苏山猫岳”：古时候，日本高森的根子岳（位于熊本县阿苏郡高森町的山脉，阿苏郡五岳之一，最高点天狗峰为 1433 米）被称为“猫岳”。由于“猫岳”的神话传说，现在尚存以前修建的庙宇和神社。

街上并没有人，只有一只猫静悄悄地躺在廊檐下。很可能是每次家里买豆子的时候，它记住了商贩的叫卖声。这是它在模仿吧。

在《新著闻集》一书中，也记载着几个猫说人话的故事。比如，猫追老鼠，不慎从房梁上掉到榻榻米上，猫的嘴里会嘟囔一句“南无三宝”。再如，庙里的住持患了感冒躺在房间里。深夜，隔壁房间有说话声。这时，蹲在住持被窝边上的猫连忙跑了过去，小声道：“今天方丈病了，我不能跟你一起出去。”半睡半醒的住持闻听此言，第二天早上，他就对猫说道：“我没关系，你要是想去哪里，就尽管去好啦。”听了他的话，猫就出去了，再也没有回家。

据说，有个人家里总是丢毛巾。他用心观察后，有一次发现猫的嘴里正叼着毛巾。吃惊之下，他对着猫大喊一声。可猫还是叼着毛巾跑出去了，而且从此再也没有回家来。一家人都百思不得其解，猫拿家里的毛巾去做什么呢？而且，猫这种动物，如果强行把它们与其他家畜关在一起的话，它们的尾巴很快就会裂成两半。猫长着那么长的尾巴，这件事本身就让人觉得有些奇怪。它们平时对人都是怀着戒心的，即便是由于某种原因离家出走了，也并不会走远，总是在附近转悠，这就难免会给家人在心理上带来压力。

五

还有一个三色猫的公猫问题。人们养这种名贵的猫，自然是十分喜欢，倍加珍爱。不过，不知从什么时候起有了传闻，说海上遇到风暴时，将三色猫的公猫祭献给海龙王，就能免除海难。所以，就有船家出重金购买三色公猫。在古代，以猫做祭品的例子不光日本有，其他国家也有。如果当初人们将猫从深山里带出来，就是为了将它作为牺牲的贡品的话，那么，它们变化成妖怪也好，与人之间存在隔阂也好，就一点都不奇怪了。也就是说，人与猫的交易已经结束，如今所剩下的，只有那些自古以来就存在的、猫对人类的怨恨与仇视。

在日本的文化史上，“无尾猫”应该是一个很大的成就吧。不知它是不是也与一些猴子一样，天生就没有尾巴，还是像当下的“哈克尼”[1]或者某些品种的狗，是

① “哈克尼”：马的品种。是以原产于英格兰东安格利亚地区诺福克的诺福克快步马为基础培育的改良品种。身高约140—153厘米，身上的毛色有骝色、黑色、栗色、红棕色等，非常美丽。

为了博得人的欢心而特意改良的。这么专业的问题，当然需要请教动物学家了。不过，我个人的看法倾向于后者。人为的做法，经过许多代的遗传，在后人身上留下痕迹的例子很多。比如，我们身边就有许多打耳洞的人。日本禁止戴耳环已经有上千年的历史，可历史的痕迹至今仍然在他们的后代身上存在。如今，日本“无尾猫”这件事，成了外国人津津乐道的话题。在日语的表达当中，有个谚语是用猫尾巴来作比喻的，即“猫的尾巴——可有可无”。这对于没有相关文化背景的西方人来说，不就像听天书一样难以理解吗？即便是我们日本人，对于这样的说法也是深感愕然。不认真想一想，也很难弄清楚猫尾巴与“可有可无”之间的联系吧？

就我所知，《太阳》[①]杂志社的记者浜田德太郎先生是研究猫的一流学者，他研究的重点是猫的心理学。那么，在未来，猫的文化会是一种什么状态？是喜还是悲？以上，我已经讲完了自己想讲的话题，还剩下的一个问题也顺便说一下。日本方言很多，各地的方言甚至都不能相通。例如，有的地方将猫叫作“ヨモ”，而有

① 《太阳》：日本博文馆 1895 年至 1928 年编辑发行的综合杂志，共计出版 531 期。

的地方则称狐狸为“ヨモ”,也有的地方叫麻雀为“ヨム”。但是，在南方的一些岛屿上，“ヨ－モ”[①]这个词语是猴子的意思。就这个名称而言，不就是介乎于灵物与魔物之间的动物吗?

① 以上日语假名的罗马字拼音分别为：“ヨモ”（yomo），“ヨム”（yomu），“ヨ－モ”（yoomo）。

猫喜？猫悲？

寺田寅彦

“养猫热”那会儿，我家海边上的松林里常常会看到野猫出没。有的猫原本是家养的，不知怎么就出走了，变成了野猫。更多的则是被主人扔掉的家猫，经过一代代的繁衍，它们的子孙也就变成了野猫。其实，对于这些猫来说，比起整天趴在人家廊檐下，生活在野外似乎更快乐、更自由。

那时养猫，许多人都以养暹罗猫、波斯猫等名贵品种为荣。我则不然。我并不认为在猫的血统上攀比有什么乐趣，而是把驯服野猫作为自己的追求。而且，要是有一天它们突然出走了，我也没什么难受的，养过与没有养过它们不就是那么回事吗？我以为，养猫这件事，其实只是我们人类的一厢情愿，人家猫也没有说非得与人类在一起生活吧?

去商场的宠物专柜转一转，你就会发现“养猫热”还真不是徒有其名。人们为猫想得真够周到的，它们的日常用品可谓一应俱全。据说，最近就连可以被抽水马桶冲走的“纸砂”这样的新产品都上市了。我想，这大概是特意为那些居住在高层公寓里的猫咪们准备的吧。再就是供猫磨爪子的产品。人们用硬纸板材料制作成有一定厚度的纸板，再在纸板里放上木天蓼。猫在用爪子挠纸板时，鼻子就会吸进木天蓼的粉末，而这种粉末是猫的兴奋剂，猫会越挠越开心，越挠越喜欢。有了这样的设施，猫就不会在家里到处乱挠了，养猫的家庭也不用费劲给房柱、拉门一类的大型家具做不锈钢护板了。

人们为猫量身定制的这些门类齐全的产品，的确倾注了发明者的爱心与苦心，倒是很令人欣慰。不过，我想，人类如此周到的服务，不也是对猫的尊严的一种伤害吗?作为一只生长在大自然中的猫，还是在野外捕捉老鼠、蜥蜴，吞食蝗虫之类的食物更合口味、更有乐趣吧；还是随心所欲地用爪子刨弄树干来得过瘾吧；方便的时候，它们还是希望能扒开自己选的沙土，方便之后再自己把污秽之物盖上吧。我们人类不也为能看到猫的那些无拘的野性行为而感到开心吗?

然而，这一切都已经成了往事。从今往后，猫将在人们严密的管理和周到的服务下，享受被“过度保护”的待遇。别说城市了，想必就连乡村的猫，也会被关在室内养活吧。这些被人类饲养的猫，不用去野外方便了。猫居住的房屋都是用混凝土浇筑而成的，偶尔出去一下，也会被急急忙忙赶回去。另外，现在人们养猫特别注重培养猫的生活习性，对猫的大小便都有严格的要求，准备了各种设施，比如猫砂或者是前面说到过的“纸砂”等。其实，猫并不喜欢那些东西。在如厕前后，猫还是保留了用前肢挠地面的原始习性。地上不管是混凝土还是瓷砖，它们都会“咔哧咔哧”地挠一挠。孩子们没见过这样的阵势，自然会感到奇怪。这时，大人们就得告诉他们：以前，猫在方便前后，都是这么刨土的。

在猫的饮食方面，我想也会发生很大的变化。将来的猫，也许吃整条的鱼会是件很痛苦、很难适应的事情。因为它们已经习惯于吃猫粮、罐装肉等食物了。遇到带骨头的鱼该怎么办?它们在记忆中已经找不到类似的经验了。弄得不好，鱼刺卡在嗓子里的情况，也不敢保证就不会发生在猫的身上。这就和总是让孩子们用刀叉吃饭，最终他们完全忘记了怎样使用筷子，是同样的道理。

长期关在屋子里养的猫，由于缺乏运动，还会导致严重的营养不良。要是拿人来打比方的话，就是容易患上糖尿病、牙周炎等病症，导致容颜过早衰老，甚至会缩短寿命。如今在我们身边，那些从高处往下一跳，不知怎么就骨折了的猫，还有患上了夜盲症，天一黑就无法活动的猫也并不鲜见啊。

就常识而言，那些被过度保护的动物，会逐渐失去生存的本能。就像我们上面所说的猫，如果改变它们的生活环境，让它们离开一直待的房间，出去自找生路，或是把它们扔到旷野之中，可以肯定地说，它们靠自身的力量是无法生存的。它们从来就不知道垃圾堆里有养活自己的食物，更不知道该怎样去翻找那些食物。这就与那些一直养在笼子里的鸟，被放飞自己谋生，十有八九会饿死一样。而且，随着人们给猫创造的生活条件越来越优越，它们狩猎的本能也会逐渐丧失。猫妈妈再也不需要向自己的孩子传授捕捉老鼠、蜥蜴的技巧，小猫更没有机会品尝那些奇怪的小动物的美味了。它们曾经锋利的牙与爪子，曾经犀利的目光，以及被称作“魔性”或者“魔物”的本性，都因为人类的过多介入而退化。

一向骄傲自大的猫，现在变得猫不像猫的样子，一副丑态，哪儿还有颜面去见自己的祖先？

我想，我以上的预言大概不会成为现实。不过，万一要是不幸成真，想必一定会有爱猫人士站出来，发起恢复猫的野性的运动吧。

喵喵……

我是虎猫 平太郎

我等猫类的种种举动，人类认为是善也好，是恶也罢，大抵都是出于本能。而我等因为所谓“爱”如母爱、友爱而偶尔显露出的英勇，又不仅仅出于本能。

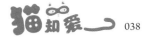

猫也是桑蚕业的有功之臣

农学博士外山龟太郎①从暹罗弄回了猫，他无论是养蚕还是喂猫，都颇有孟德尔②派学者的气派。那时，我们将孟德尔遗传定律奉为经典，认为无论是在养蚕还是养猫上都同样适用。记得外山先生在说到虎猫时，有过这样一番宏论，对于我来说，真有耳目一新的感觉。他说，虎猫中没有母猫，但如果加上黑色，变成三

---

① 外山龟太郎（1867—1918）：东京帝国大学博士，日本遗传学家。曾任东京帝国大学教授、福岛蚕业学校校长、暹罗（今泰国）政府顾问等。桑蚕遗传学的奠基人，是最早以实验证明蚕的遗传符合孟德尔遗传定律的科学家。

② 孟德尔（1822—1884）：即格雷戈尔·孟德尔，奥地利科学家，现代遗传学的创始人。数千年来，农民就懂得动植物杂交可以促进生成某些理想的性状，而孟德尔在1856年至1863年之间进行的豌豆植物实验，创造性地建立了许多遗传规则，一直以来被称为“孟德尔遗传定律”。

色猫的话，就会生出占很大比例的母猫来。虽说生出来的不可能都是母猫，可比例差不多也能达到千分之九百九十九吧。听到他这样说，我心里不由得犯起了嘀咕：这不就像日本谚语中所说的“天刮大风，做木桶生意的店铺要赚钱”[①]一样吗？不过，外山先生的话只说到这儿。想必他是留下这个话题，让我辈慢慢地去琢磨吧。后来，外山先生在蚕业研究方面取得了卓越的成就，辞世而去。而我辈才疏学浅，三色猫之类的研究也没什么进展。不过，好在我辈与外山先生之间除了“三色猫没有公的，虎猫没有母的”这样一个话题之外，也再没有什么其他交集了。可是，外山先生是根据什么得出的这个结论呢？我至今也没有弄明白，也就只能伸长脖子等待哪位有识之士发表高见了。

在那期间，我饲养了几只猫，其中有一只虎猫，我

① 这是日本的一个谚语故事。说的是有些事物看上去不搭边，而实际上是有关联的。例如，天刮大风，扬起尘土眯瞎了一些人的眼睛。这些盲人就得以弹奏三味线谋生。三味线的需求量大了，做三味线所使用的猫皮的量也就增加了。猫的数量减少了，老鼠就多了。老鼠多了就会啃坏箱子、木桶之类的家具。这样，做木桶生意的店铺自然就赚钱了。这与中国“城门失火，殃及池鱼”的成语故事是同一个意思。

给它起名“平太郎”。我很为这只猫骄傲，也算是与这只猫有缘吧。名古屋有个兽医，也喜欢我家的虎猫平太郎，曾经为它做过详细的研究，令我深受感动。虎猫叫“平太郎”的，黑猫叫“熊公”的，三色猫叫“阿美”的，可谓比比皆是。其实，猫叫什么名字并不重要，但从这些俗气的名字上，我们可以体味到日本国民对猫的某种浅薄的态度。或者说，养猫的人虽然不少，但真正了解猫的并不多。那些嘴上将猫的理论说得头头是道者，其实有很多都是既喜爱猫又憎恨猫的“两面人”。他们一边把猫抱在怀里睡觉，一边又在怀疑猫会不会是妖怪变的。在这种状态下生存的猫，怎么会有好心情？日本国民的这种“两面人”问题很可怕，平日里，人们总是亲昵地称虎猫为“阿虎”，可一旦不高兴了，就会叫它“野猫”，叫它“魔王”。这样的现象，也令众多爱猫人士愤慨不已。据说，作为代表“猫党”发声的两位议员，甚至向国会提出了相关的“爱猫法案”，试图通过立法来改变人们对猫的认识。我以为，这也只能算是权宜之计，最根本的方法还应该像强化选举那样，从政治层面加强教育。当然，开展有关猫的知识教育，帮助日本国民消除“两面人”问题也势在必行。

冬去春来,雪融花开,气温已经上升到二十余摄氏度。最近我常常梦见平太郎。在梦里，它说要跟我谈猫的事情。可惜的是，我对猫的知识知之甚少，难以应对。不过，平太郎表示，所有的事情它都清楚，我只要负责记录就可以了。平太郎生前毕竟是我极宠爱的猫之一，我也不好拒绝它的好意。由于全都是根据猫的讲述记录下来的，估计也不会有什么新奇的东西。不过，如果从桑蚕、老鼠与猫这三者关系来看的话，猫也可以说是桑蚕行业的一个功臣呢。尽管平太郎的讲述没有趣味，尽管我的记录缺乏文采，但我觉得也还是可以听一听的。平太郎，下面就听您讲啦。

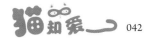

一声吼叫显虎威

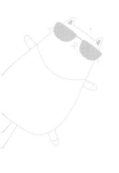

有人说“虎狼也有仁爱之心”，也有人吟诵“猛虎一声山月高”① 这样的诗句。可以自豪地说，在这个世界上，唯有我等猫的祖先是百兽之王老虎。那些自以为有学问的人类，管我等的祖先叫“Panthera tigris”（虎），而将我等称作“Felis catus”（家猫）。我认为虎是野外的猫，而我等猫就是家里的虎。鉴于我等的祖先是山野之中一呼百应的老虎，所以，我等也总是那么威风凛凛。然而，由于我等住在人类的家里，所有的威力就只能施展在捉老鼠上了。尤其是安哥拉的那些和尚们饲养的纯白波斯种的长毛猫，以及后来培育出来的一种被称作“狆

① 源自中国宋代诗人俞紫芝律诗《宿蒋山栖霞寺》：“独坐清谈久亦劳，碧松燃火暖衾袍。夜深童子唤不起，猛虎一声山月高。”

（zhòng）”[1] 的小狗，都只能成为女孩子们掌中的玩物。但是，世上的事情总是那么有趣。自从我等来到日本之后，就担任了“讨伐”老鼠大军的重任，造福于国家和民众。尽管如此，我等身价竟然只值一条鲣节鱼干，至多也就值那么一“削节”[2] 的价钱。我等这些管用的猫一文不值，而那些没用的波斯猫却价值万金，这个世道还上哪儿去讲理？这种不讲理的世道，谁又能看得懂呢！瞧我，真是想到哪里说到哪里啊，怎么又谈起波斯猫来了？下面，我还是来讲日本猫的事情吧。

人类分白种人、黑种人、黄种人等，眼睛的颜色、头发的颜色各不相同。我等猫也一样啊，有长毛的，有短毛的，脸形也各有不同，例如，有像芜菁[3] 那样的圆脸，

① 狆：日文汉字。江户时期日本人采用原产于中国的品种杂交而成的一种供人玩赏的犬类。身高大约 25 厘米，凹脸，眼睛大而圆。身上的毛呈丝绸状。皮毛的颜色以白色与黑色、白色与褐色居多。

② “削节”：日语，是将鲣鱼、鲐鲅鱼、沙丁鱼、金枪鱼等鱼干刨成的薄片。这是日本食物最基础的调味品，它和海带都是煮汤不可或缺的食材。

③ 芜菁：又称大头菜、圆菜头。原产于黎凡特，最早种植是在古代中东的两河流域到印度河平原地区。中国为芜菁的原产地之一，种植历史在 3000 年以上。《诗经》中称之为“葑”。芜菁属二年生草本植物，块状根，形状有球形、扁球形、椭圆形多种。不耐暑热，需在阴凉场所栽培，适宜在肥沃的沙壤土上种植。

有像楔子似的三角形脸。在日本，猫的种类大致只有日本猫与波斯猫两种。波斯猫又分为长毛与短毛两种，这样分类可能比较稳妥，不会引起异议。如果将猫分成中国猫、暹罗猫、印度猫等的话，那就没完没了啦。前些时候上映的那部西方电影，其中有一只紫色的猫，是波斯短毛猫；与它同住一个房间的，身上长着巧克力颜色毛的，则是波斯长毛猫。而我们日本猫，脸形基本上都是圆形或者三角形的，论毛是属于短毛猫。毛色方面相对复杂，有白底黑花的，有纯黑色的，有虎斑纹的，也有三色猫，还有一种毛色类似鲭鱼①花纹的猫。当然，我上面讲的这些都是过去日本猫的传统类型。如今已经进入了国际大交流的时代，人类都跨国通婚了。狗啊，蚕啊，也都出现了国际杂交的品种，我等猫类自然也就少不了与波斯猫种的杂交新品种了。不过，这些杂交品种的猫与我等没有任何关系。无论是日本猫与波斯猫的杂交品种，还是日本猫与暹罗猫的杂交品种，都与我等没有关系。我等反正是虎大王的同宗，这一点无论如何也改变不了。人类们，请你们用心观察，贵府的猫也好，邻家的猫也罢，

① 鲭鱼：一种海鱼，俗称青花鱼。背部呈蓝黑色。

只要看看它们的脸形，再看看它们的毛色，你就会发现，它们必定属于我上面所说到那种类型无疑。

埃及视猫为神灵，日本视猫为魔鬼

有人说，在埃及，人们将猫当作神灵一样崇敬，而在日本，人们却将猫当作魔鬼一般嫌弃。听到这样的说法，我等猫类又会怎么想？虽然我等并不奢望被当作神灵来供奉，但听到“妖怪”之类的说法，也是气不打一处来啊。追根寻源，那些污蔑我等猫类的说法都是怎么来的呢？下面，我就来澄清一下吧。

埃及修建了尼罗河的堤防，阻止了洪水的泛滥。而在三千年前的埃及王朝，尼罗河动辄洪水肆虐，两岸的民众只好寻找高地躲避洪灾。面临灾难时，想要活命的当然不只是人类，毒蛇、害虫等也一样会来到高处躲避。免除水患，消灭毒蛇，就是埃及人生活中最重要的两件大事。而在这个生死关头，如同救世主般出来拯救人类的，恰恰就是我等猫类。

也就是说,我等猫类既敢杀死毒虫,又敢与毒蛇搏斗。由此，就受到了难民们的欢迎。他们三拜九叩，感谢我等猫类的救命之恩。再加上埃及人本来就喜爱猫，当这种敬爱与感谢的心情融为一体时，自然就把我等猫类当作神一般对待了。

在埃及古老的习俗中，王公贵族死了之后，都是要将尸体制作成木乃伊保存的。猫死了之后，也与王公贵族享受同等的待遇，被制作成“猫木乃伊”[①]永久保存。

近代以来，埃及人还是将我等猫类当作神灵一般对待。猫死了之后，家人要在一起举行哀悼仪式，在猫的灵前彻夜祈祷；家里一旦发生了火灾，人们会先将猫救出火海；一旦有人故意杀猫，会被判处死刑，就算过失杀猫，也会被判处终身监禁。若是外国人杀了猫，国民会特别愤怒，甚至会引发外交纠纷。所以，在埃及的外国人也特别敬畏猫，就像敬畏神灵那样，尽量避免与猫打交道，以免引起麻烦。

敬畏猫到如此地步，也许您会觉得有些滑稽。其实，日本人没有嗤笑埃及人的理由：日本人不是也将狐狸作

---

① “猫木乃伊”：考古学家在埃及开罗附近的古墓中，发现了已有四千年历史、被制作成木乃伊的猫，将其称作“猫木乃伊”。

为稻荷神[①]的使者来礼拜吗？不也将狼作为驱除小偷的神——至少也是神的替身来祭祀吗？还有，那位被称作“犬方公”[②]的将军，不是也为身边奸佞小人的妖言所惑，将杀死狗的人处以极刑吗？如此这般，要是埃及人也笑话日本人，又该怎么办呢？那岂不成了笑别的猴子屁股红的猴子了？是不是很滑稽，很可笑？虽说埃及国民过于溺爱我等猫类，甚至达到了崇敬的地步，可能够被人宠着，被人敬着，总归是件开心的事情吧。

要不，我也顺便介绍一下英国人对待猫的看法与态度？在英国，有个英国防止虐待动物协会[③]，禁止一切对狗、猫、马、牛等所有家畜的虐待行为。如果有人让牛、马等牲畜拉过重的货物，马上就会受到经济处罚。要是

① 稻荷神：又称宇迦之御魂神、仓稻魂命，民间俗称“三狐狸之神”。稻荷神是日本神话中的谷物和食物神，主管丰收。传说它有时以男人形态出现，有时以女人形态出现，甚至还会变化成蜘蛛等其他形态。它的主要神使是狐狸，因为狐狸会捕食对农作物有害的老鼠。

② “犬公方”：即德川幕府的第五代将军德川纲吉（1646—1709）。上野馆林藩初代藩主，第三代将军德川家光的儿子，人送绰号“犬公方”。

③ 英国防止虐待动物协会：1824 年在伦敦成立的全球最早的动物保护团体，也是英国规模最大的动物保护团体。

有人扔掉一只幼猫，也会受到相应的经济处罚。

在日本，虽然也设立了防止虐待动物协会，但那是徒有虚名。别说刚才说的大牲口，就连对猫、狗这样家庭饲养的动物的保护都没有做到。这种现状，真让我等猫类为绅士淑女们感到羞愧。请您理解，我等这样说，绝不是出于一己私利。其实，孩子们虐待青蛙、蝉，成年人虐待猫、马，与强壮的人类虐待弱小的人类是同样的性质。您瞧，我一不小心，竟然还说出了这么一番大道理呢。那么，就让我们换个角度，再来说说被人们称为“魔鬼”的日本猫吧。

虽然我等日本猫的历史已经无从知晓，但老虎是我等的祖先，这一点应该没有疑问。同时，从日本的内地没有正宗的山猫——即野猫这一点来看，它们很可能是从朝鲜等地渡海过来的。相传，古时候的对马国[①]是有山猫的，并且与朝鲜半岛的猫种类相同。相传，在很早很早以前，对马岛是与朝鲜半岛相连的，后来不知是地震

① 对马国：古代日本令制国之一，属于西海道行政区域。从地理位置上看，由于距离朝鲜半岛很近，所以自古以来就是欧亚大陆与日本列岛连接的桥头堡。对于日本来说，对马国在与欧亚大陆的文化、经济交流方面起到了不可替代的作用。

还是其他什么原因，对马岛与朝鲜半岛分离开来，成了独立的离岛，那些山猫也就不复存在了。

朝鲜半岛上是有山猫的，在中国、西伯利亚以及阿尔卑斯山脉以北的国家和地区也都活跃着与之同宗的山猫。但是，在日本内地，这样的山猫却是踪影全无。由此可以推断，我等的祖先来自朝鲜半岛。

如果说，我等祖先来自朝鲜半岛这个推断是准确的，那么，它们又是什么时候来日本的呢？有人认为，它们是与佛教一起传入日本的。不过，这还很难断言。如果说是作为经卷、佛像的保护者，也就是以防范老鼠为目的而进入日本的，还能说得通。在应神天皇[①]时期，日本与百济[②]的交往很密切。据史料记载，百济给当时日本的朝廷敬献《论语》，敬赠佛像和经卷，可见交往之频繁。猫到底是与《论语》一起赠送的，还是与经卷一起赠送的，

① 应神天皇：传说中日本第15代天皇，其在《日本书纪》中被称作誉田别尊，《古事记》则将之名为品陀和气命。神道教尊其为战神八幡神。考古学发掘与书面资料表明，自应神起，天皇在位时间和事迹的可信度大增。

② 百济（前18—660）：又称南扶余，是古代朝鲜半岛西南部的国家。532年新罗兼并伽倻后，在朝鲜半岛上形成百济与高句丽、新罗三足鼎立的格局，这段时间被历史学家称为朝鲜三国时代。

如今已经不得而知。但总之，应该就是那个时候引进日本的。

还有一种说法认为，我等祖先是高丽[1]时期传来的。古代的高丽叫作“寝高丽”，日语读作“祢古万”，而我等祖先的日语名字也读作“祢古万”。当然，这是一个很复杂的问题，如今已经很难考证了。但是，是百济也好，高丽也罢，反正就是今天的朝鲜半岛吧——啊，朝鲜半岛原来就是我等的故乡啊！

前面说过，我等最早的名字叫作“祢古万”。那么，又是什么时候变成现在的称呼“猫”的呢？我还真是说不清楚。据《古事记》和《日本书纪》记载，在仁德天皇[2]之后大约 400 年，由紫式部撰写的《源氏物语》中，就记载了家养老虎的故事。我想，这可能是作者弄错了，因为那时中国人是将家养的猫称作“家虎”的。不过，

---

① 高丽（918—1392）：又称高丽王朝，朝鲜半岛古代王朝之一。918 年，后高句丽弓裔部将王建在其他部将的拥立下，推翻弓裔，改国号高丽，年号“天授”。935 年，高丽合并新罗后，于次年灭后百济，统一朝鲜半岛。高丽都开京（今开城），历经 34 代君主立国近 500 年，直至 1392 年朝鲜王朝的建立。

② 仁德天皇（290—399）：日本的第 16 代天皇。有学者认为他就是《宋书·倭国传》所记载的倭王赞。

我等倒是很欣赏书中“家养老虎”这种说法。

因此，我等认为，古时候日本的猫，应该不是黑白相间的花猫，而是虎纹皮毛的虎猫，或者是鲭鱼花纹的猫，而且，鲭鱼花纹的猫可能更多。至少可以肯定地说，在日本最早的猫的种类当中，绝对不会有纯白色的猫。我等在谈论鲭鱼花纹猫的由来时，还有一件不吐不快的事情，那就是猫既然是作为老鼠的天敌被引进的，后来为什么又会遭到人们的唾骂，被污蔑成“妖怪”“魔鬼”呢？

从捕捉老鼠这一点上来讲，全世界的猫都不是我等的对手。因此，荣获“捕鼠能手”称号的日本人，都得向我等行三拜九叩大礼。老鼠种类繁多，有熊鼠[①]、小家鼠[②]、埃及鼠、野鼠等数十种之多。而且，老鼠的繁殖速度之快，在动物界中是首屈一指的，几个月能生出一两亿只老鼠也不是什么奇怪的事情。这数量众多的老鼠，不光偷吃稻谷、麦子之类的粮食，而且就连芋头、红薯，

① 熊鼠：一种十分凶猛的食肉鼠类。熊鼠的长尾巴有其妙用，当它们往高处跳的时候，必须腰、后腿和尾巴都憋足了劲才能跳起来；在过电线的时候，用尾巴保持身体的平衡，就像杂技演员走钢丝时手里拿着长杆一样。熊鼠寿命一般为三至四年。

② 小家鼠：鼠科中的小型鼠，分布很广，遍及世界各地，是家栖鼠中数量仅次于褐家鼠的一种优势鼠种。种群数量大，破坏性较强。

以及夏秋之际的桑蚕、蚕茧都会偷食。还会啃家里的书橱等家具，即便是价值连城的书画古董也不放过。最终什么都被老鼠啃光了，人类要穿的没有，要吃的没有，就等着冻饿而死吧。老鼠还会传染鼠疫，要是没有我等猫类的话，人世间还不知道会是怎样的惨状呢。国民之所以能够免受鼠灾之苦，或即使受了鼠灾也是极其轻微的，也没有鼠疫之类的恶病流行，过着健康的生活，还不全是我等猫辈没日没夜捕捉老鼠的成果？尽管我等得到的不过就是人类施舍的沙丁鱼头和冷饭之类的食物。

那么，人们为什么还要将劳苦功高的猫类污蔑为“妖怪”“魔鬼”呢？这能自圆其说吗？

家里死了人，就得马上将猫带走，并且还要在棺材上放一把刀具。这个世人皆知的民间习俗，源自古老的传说。这些传说将猫妖魔化，说猫是一种具有魔力的动物，能够用魔力盗走死人的尸体，等等。虽然这种说法荒唐至极，不辩自明，但我们都知道宗教具有巨大的魔力，数千年来所形成的偏见怎么可能那么容易被消除掉？可笑的是，把我等猫类污蔑成“妖怪”“魔鬼”，不正说明了人类自身的无知与荒唐吗？

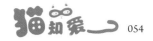

有关猫的俚语

据户川秋骨先生说，在意大利的米兰博物馆，陈列着一幅价值三四十万日元的有关猫的名画。画面上，天使翩翩起舞，颂歌悠扬。她们在天颂繁荣，在地施恩泽。这样，救世主就从天上下凡到了人间。于是，皇帝、嫔妃、大臣们都在庄严地接受民众的跪拜。而就在这样庄严的场面当中，我等就连一条沙丁鱼都抵不上的猫辈，只是无动于衷地冷眼在一旁看着……这确实是件很有趣的事情。您想，人类跪拜佛祖也好，膜拜耶稣也罢，在我等猫辈看来，都是一些荒诞不经的举动：与我们有什么关系？相传，古罗马皇帝马克西米利安一世[1]喜爱木版雕刻，总去木版雕刻店铺闲逛。那家店铺的猫，就那么

---

① 马克西米利安一世（1459—1519）：神圣罗马帝国的皇帝，罗马人民的国王，奥地利大公，也被称作“马克西米利安大帝”。

蹲在操作台上，漠然地看着面前的陌生人。于是，那些奸佞的臣子们便窃窃私语，说猫竟然敢居高临下地看着皇帝。后来，又传出了“猫的眼里没皇帝”这么一句民间俚语。而问题是，猫到底知不知道那个来看木版画的人就是皇帝呢？即便知道，我等猫辈的性情向来如此，也谈不上“怠慢”皇帝吧。如果不知道，那不就是天大的冤案吗？这是我不知从哪里听来的一个故事，但总觉得与上面的那个传说有一脉相承之处。

类似这样的故事，无论是画作也好，俚语也罢，听上去都很有意思。不过，像有些人那样，遇见有权有势的人物就眉开眼笑、巴结奉承，我等猫辈实在是看不惯，更不会去效仿。有些人给猫起“如虎”“家虎”之类的名字，听着倒也还能忍受。可某些人竟给猫起什么“将军”“仙歌”“天子妃”一类的名字，听着就令人作呕了。若是给我等起个“鼠将”的绰号，还勉强说得过去，毕竟我等对老鼠还具有威慑力。也许，有人认为，我等捕捉杀戮的对象只是那些无名的鼠辈，没什么值得炫耀。对于这种说法，我觉得尚且可以忍受。但最让我等忍不了的，就是日语中的那些俚语，都是一些辱骂我等或是瞧不起我等的话。下面让我列举一些给您看看：

猫婆（猫粪）　这个词语是说人们捡到别人丢失的钱财或物品，私自昧下不归还的行为。“猫婆”的写法是错误的，关西人将“粪”发作“巴巴”这个音，恰巧与“婆”（巴巴）的发音一样，所以，“猫婆”即“猫粪”的意思。那些心术不端的家伙，竟然污蔑猫方便之后都要扒土覆盖排泄物的生活习性是做了“坏事”掩盖真相。众所周知，方便前先刨个坑，将尿屎排在坑里，再扒土把排泄物掩盖起来，这是猫的一种生活习性，是讲究卫生的良好习惯，理应受到褒扬。谁知，这些人反而用昧着人家失物不还这样的词语来诬陷我等猫类，并且将这个词语当成人世间“小偷”的代名词，曲解猫类不让人与其他动物看见其秽物的好意；反而用“猫巴巴”这个词，来形容那些私下藏匿人家遗失物品的不仁不义的行为，真是荒谬到了极点！

猫脾气　形容那些心存贪欲而表面伪装清廉的行为，意为“伪善”。据《倭训刊》[①]一书记载，“猫脾气”这

① 《倭训刊》：谷川士清所著的日本巨型辞书。该书主要是对《日本书纪通证》的训义进行校正与补充。全书分为前编、中编、后编三个部分，共计九十三卷八十二册，是一部工程浩大的辞书，前后编撰花费了一百一十年。

个谚语是说人们将贪欲隐藏起来，故意装作若无其事的样子。事实上，对于我等猫来说，只要肚子吃饱了，什么鱼、什么美味的东西还有什么意义？但是，心底怀着无尽的贪欲而表面上却装出圣人样子的，不正是道貌岸然的人类吗？我认为，“猫与村长一样贪婪”这样的说法也有失公允。我等可是只要吃饱了肚子，见了佳肴也无动于衷的猫啊。

让猫照看鲣节鱼干 说起来，这句话未必有恶意，但听话听音，肯定也不是什么好话。在《根无草》[①]一书中，“把烤老鼠交给狐狸保管”“把鲣节鱼干交给猫儿照看”这样的一些内容，都是被当作反面事例来列举的。猫被人抚摸时，虽然各有不同，但都会发出一种很享受的啼吟声。暹罗猫也好，西洋猫也罢，发出的声音都像破锣般难听，而我等日本猫发出的声音，却充满着音乐般的旋律。我们先是“咕——咕——”地在嗓子口发声，最后“喵——”的一声婉转长啼，听来恰如被摄去了魂魄一般。那个姿势，那种声音，仿佛音乐家投胎啊。以前有个叫助部男的净琉璃演员，喜欢模仿猫的声音来哄

① 《根无草》：风来山人（即平贺源内）作。1763年出版。以男扮女装的演员荻野八重桐溺死事件为题材，讽刺当时的社会现实。

骗女人。他在《宵庚申》[①]这部净琉璃作品中，模仿猫的声音道："你还怕我吗？来，过来，过来吧。"人要比猫伶俐许多，不管助部男心里是怎么想的，但表演还是多姿多彩、引人入胜的。

三天之内，猫准会忘记主人三年的养育之恩 这大概是由于猫比人更恋家而引发的对猫的中伤吧。意思是说，您平时对养的猫再怎么好，也根本得不到它们的信任，它们说翻脸就翻脸，一点面子都不给。不信的话，您不妨一边摸着猫的头，嘴里一边发出"呼——"的声响。这时，猫就会像突然遭到猛兽袭击一样，迅速逃到家里某个地方躲起来。它们的警觉心强，这是它们祖祖辈辈流传下来的一种生活习性，有什么办法呢？还有，不论关系多么亲近的人，它们也不愿意被您抱着出门。从这里我们也能看出，它们的生活习性就是充满警觉。

猫点燃地狱的灶火 说猫点燃了地狱之火，而不是往地狱里送冰。这种说法倒是挺有意思的。相传，地狱之中既有三千万摄氏度沸腾的锅，也有零下三千万摄氏度冰冷的深渊。所以，被打进地狱的人，有可能进入八

① 《宵庚申》：日本的净琉璃作品，作者近松门左卫门，1722年在大阪竹本座初演。与纪海音的同题材作品竞演。

热地狱[1]，也有可能落入八寒地狱[2]。话又说回来，热带地区的人，从炎热的人世间落入三千万摄氏度高温的地狱，最渴望得到的，不过就是一杯冰水罢了。此时此刻，假如猫能给它们曾经的主人送上一杯冰水的话，人们一定认为猫是在报主人的恩，就会歌颂猫的善性。我想，猫具有畏寒喜热的天性，所以，它才会点燃地狱的灶火吧。嗯，这实在是件难以讲明白的事情。

要是杀了猫的话，家里会遭遇七代厄运　这大概是认为猫是一种具有魔性的动物，要是杀了猫的话，整个家族就会连续七代遭到厄运吧。所以，做梦也不能去想杀猫的事情啊。

给猫金钱；对猫诵经；对猫念佛　这三句话都是表示弄错了对象的意思。难道不知道我等是不用钱的吗？即使给再多的金钱，也抵不上沙丁鱼头的美味。即便有百万卷的经文，也是两眼一抹黑。不过，什么都不懂的，恐怕远远不止我等猫类吧。

---

① 八热地狱：有复活地狱、黑绳地狱、众合地狱、号叫地狱、大号叫地狱、热地狱、极热地狱、无间地狱。

② 八寒地狱：有具疱地狱、疱裂地狱、紧牙地狱、阿啾啾地狱、呼呼地狱、裂如青莲花地狱、裂如红莲花地狱和裂如大莲花地狱。

不知是谁说过这样的话：给猫诵经，就像是给养蚕的人讲“蚕业国策”。猫用不上金钱、用不上经文没错，可养蚕的人还是需要知道“蚕业国策”的啊。不过，估计那些实权派和政治家们也弄不懂这个道理。“对猫诵经”与“对养蚕人讲蚕业国策”，难道是昭和时期发明的一对含义相同的俚语？

总要比猫强一点吧；忙得都想借猫的爪子来帮忙 这两句话其实都是以猫为口实，贬损那些没用的人的顺口溜。可是，捕捉老鼠是我等的工作，采桑叶、帮忙上蔟不是我等的分内之事啊。小孩子稍微帮着做点事情，就说他们“总要比猫强一点吧”，这岂不是对我等猫类的侮辱？实在让我难以忍受。

像猫的食盆一样肮脏；猫喜欢剩食 对于这样的污蔑之词，我等还真不得不好好说道说道呢。我等的食盆什么时候肮脏过？这样的说法，岂不是有污蔑之嫌？

关于猫的说法还有许多：

“猫面前的老鼠。”

“像猫尾巴似的。”

“猫的斋戒。”

“猫不捉老鼠。”

“猫洗脸时，爪子要是超过耳朵的话，就会有客人来。”

不用说，以上这些俚语也都是拿猫来说事的。另外还有如“不管是猫还是勺子（一锅端）”“骂猫还不如把鱼拿走”等各种各样拿猫说事的俚语，不一而足。“猫洗脸时，爪子要是超过耳朵的话，就会有客人来”的俚语，估计与店家喜欢在店堂里摆放招财猫有关吧。

猫的恶与善

据说，既是科学家又是哲学家的赫胥黎[①]曾经说过，如果想了解人性的话，只要在家里养一对雌雄猫就可以了。赫胥黎不愧为大学者，他说的这个方法，绝非凡夫俗子所能想到的。一般人都会这么想：你想了解人性的话，就好好研究人的秉性，为什么要特意养一对猫呢？难道是要从猫身上学习什么吗？再说了，连人都看不懂的人，即使养一万对猫，也无济于事吧？

那么，赫胥黎先生到底要让人们向猫学些什么呢？是学习伪恶丑，还是真善美？是学习恋爱，还是慈爱？是学习爱他人，还是爱自己？或者学习如何满足个人的欲望？以上这些特性，在猫身上有，可在人身上也同样

① 赫胥黎（1825—1895）：英国著名博物学家、生物学家、教育家，达尔文进化论拥护者最杰出的代表。

有啊。作为灵长类的人类，智力是排在所有动物之上的。现在赫胥黎先生提出要人们向连狗都不如的猫学习，这岂不是一种倒退？

要是仅仅看猫偷食厨房间的鱼、偷捕家里养的小鸟或者邻居家的雏鸡这些行为的话，似乎猫就是小偷的化身。当然，这是猫的伪恶丑的一面，但并不是猫的全部啊。在人群里，不是也有小偷，也有欺诈犯吗？您以为争抢沙丁鱼头的仅仅是我等猫类吗？还是静下心来看一看人类的丑恶行径吧。

对于猫的这些所谓偷盗行为，也有人替它们辩护，说："猫偷捕小鸟和雏鸡，并不是出于猫的偷盗本性，而是它们身体营养的需要。它们知道这样做不好，可不这样做也没有办法。"也有动物学家认为，现在的猫偷捕小鸟、雏鸡的行为，是远古时代野兽的遗传性所致。最近，一位意大利学者从猫需要摄取维生素 D 的角度，阐释了猫偷捕小鸟、雏鸡，捕捉老鼠的原因。他认为，那是因为小鸟、雏鸡、老鼠的身体里富含维生素 D。另外，他还强调说，小鸟、雏鸡和老鼠都能够自身合成维生素 D，而猫却不能，所以，猫平常就更喜欢捕捉小鸟、雏鸡和老鼠。

这位学者所创立的这个学说，对于我等猫类的道德而言，完全可以说是一种“革命性”的学说。您想，以前，我等猫类为了维生素D捕鼠，由于鼠是有害的牲畜，人类就赞扬我们。而同样也是为了获取维生素D，我等偷盗小鸟、雏鸡等人类的爱物，就被扣上小偷的恶名。有了这个学说，人类对我等猫类的非难或多或少也能缓和一些吧。但是，在这个森罗万象、一切以人类为本的世界上，虽说我等是出于对维生素D的需要而偷盗主人家的小鸟、邻居家的雏鸡、对面店铺里的鱼，但在人们的眼里不还是做坏事？我等不还得战战兢兢地过日子？一旦得手，还不得飞跑到某个隐蔽的地方，悄悄地吞食？

不，我刚才用了个“飞跑”的词，未免显得过于气焰嚣张。其实，我等猫类在人类眼里“贼性不改”已成定论，恐怕再也不会有平反的机会了。我等在人类的面前，向来都是小心翼翼、东躲西藏，哪敢“飞跑”？

其实，无论是在伪恶丑、真善美，还是在恋爱、慈爱，或者在爱他人、贪私欲等方面，我等都与人类是一样的。在这里，我等还要就猫的母性这一点，来纠正一下人类的误解。猫是一种可爱的动物，这是不容置疑的事实。当母猫产下幼猫之后，它们会将遗留在产房里的污秽，一点不剩地用嘴弄到户外去，为的是保持产房的清洁。要说这是猫的本能也不错，但从保持产房卫生来看，也完全无可非议吧。

幼猫出生后，为了让它们健康成长，猫妈妈会不停地舔舐它们。看到猫妈妈的这些做法，人们最直观的判断就是，猫妈妈溺爱幼猫，因而显得可爱。猫妈妈舔舐幼猫，应该就相当于妈妈给孩子洗澡吧。世上哪有嘲笑妈妈给孩子洗澡就是“溺爱”的道理？人类对我等误解到了这个地步，您说我等还有什么话可说？随着幼猫的长大，除了母乳之外，也得喂食一些其他食物。与其喂它们蝗虫、蚂蚱之类的小昆虫，还不如喂它们最喜欢吃的小老鼠呢。先喂食小家鼠，慢慢地也可以喂食大老鼠。在不断长大的过程中，它们尝到了老鼠的美味，就会更加愿意跟着妈妈学习捕鼠。这样，它们也就能够像人们所说的“自食其力”了。幼猫最喜欢与猫妈妈亲近，什么时候都希望能够吃母猫的奶。等到幼猫掌握了捕鼠的技能，到了“自食其力”的年龄，猫妈妈虽然还很爱自己的孩子，但在吃奶这一点上却不再让步。每当幼猫缠着猫妈妈时，猫妈妈都会摆出一副可怖的面孔，断然拒绝幼猫吃奶的要求。不用说，这就是猫妈妈给幼猫下达的“自食其力”的命令。猫妈妈这种对幼猫深沉而严格的慈爱，哪里是那些无原则纵容孩子的人类的母亲可比的？即便如此，可悲的是，猫妈妈的可爱往往得不到公正的评价。

猫妈妈尽心尽责，无愧于“育儿能手”这个光荣称号。公猫则不然，它们既不给刚生产的母猫提供食物——这一点就连野生的雄性小鸟都不如，也不认识自己的猫崽——这一点与水中的雄性鱼是一样的。我平太郎也是如此。如果要在这一点上非难公猫的话，真的无话可说，深感汗颜。那这是为什么呢？除了造物主之外，大概没人能够知道。但可以肯定的是，这也是我等猫类的一种生活习性，而非我等公猫放荡不羁的结果。

但是，这与我等听说的人类当中遗弃孕妇的情况不能同日而语。有的男人把女人搞怀孕之后，就像遗弃破草鞋一样将人家丢弃了。而我等猫辈是在母猫怀孕时，双方的亲密关系就结束了。当然，这也并非什么值得夸耀的做法。

“若问猫之恋，只在叫春时。”这不，当年加贺的俳句诗人千代女[①]早就有过吟咏猫恋的诗句。

① 千代女（1703—1775）：日本的俳句诗人。号草风，法名素园。也被称作千代、千代尼等。

强猫所难

说到猫的“恶”或者“善”，大多是在本能驱使下的行为。“善”也许是理性的闪现，而“恶”却未必能说是本能的表现。猫要是像人类那样的灵长类动物的话，也许可以用“理性”“本能”这样的词语来评价。问题是，猫是低等动物，是一种无法与灵长类类比的动物。我等认为，若是用“理性”这类形容人类的词语去评价猫类的话，大概会有“风马牛不相及”之嫌吧。在这个世界上，人们对于猫的褒贬可谓天上地下。有的民族把猫捧上了天，甚至当神一般崇拜；有的民族却将猫视作魔鬼，千方百计地加以排斥。虽说褒谁贬谁是人类的自由，但对于人类玩赏之物的猫来说，也不可能完全不在意吧。同时，还将那些以“理性”批判的“善”“恶”问题强加给我等只有本能而无理性的猫类，岂不是“强猫所难”？

不客气地说，我等母猫对于子女的深爱与严爱，比起人类可以说是有过之而无不及。最近，发生在信州小县郡[①]的虎猫妈妈的母性之爱，就得到了人们的广泛赞誉。他们认为，虎猫妈妈的行为已经远远超越了猫的“本能”，完全是一种“理性”的表现。据传，那只虎猫妈妈带着自己的孩子“阿银”出去玩，阿银的脚不小心被脱谷机严严实实地压住了。面临如此危机，虎猫妈妈无法解救孩子，就赶紧跑回家向主人求救。虎猫妈妈在主人面前表现得十分焦急与痛苦，可主人不懂猫语，心想：虎猫大概是饿了吧。于是，就赶紧给它拿来一些拌着鲣节鱼干的猫饭。虎猫妈妈看到主人领会错了自己的意思，实在忍无可忍，连看都没有看一眼美食，就又跑回了阿银的身边。它思来想去，最后，猫妈妈救出了自己的孩子，但小猫失去了一只脚。

看到这个情形，主人夫妇真是吃惊不小。事到如今，我等也不必为主人夫妇没有听懂猫语而懊恼，也无法再将阿银被咬断的脚恢复原状。这里想强调的是，虎猫妈妈跑回家向主人求救，当它感到求救不成时，又跑回阿

① 信州小县郡：信州，古代日本令制国之一，信浓国的别称，其领域为现在的长野县。

银身边将它那被机器压住的脚咬断，设法救孩子于危难之中的心路历程。虎猫妈妈的这种行为是不是本能的体现呢？对此，我等深信不疑。总之，虎猫妈妈这种对自己孩子的深厚而得体的母爱，是值得我等猫类骄傲的。

我等猫类喝狗的奶长大，与狗一起玩，被狗妈妈抱在怀里睡觉，将原本的天敌变成好朋友的故事，可以说不胜枚举。不过，这些举动怎么看都是一种本能。如果不是在猫还年幼，还弄不清楚自己到底是狗还是猫的情况下，想必是不可能建立起这种融洽关系的。

狗妈妈生产之后，若很快就失去爱子，心中难免有一种寂寞之感。同时，由于乳房不断分泌出大量的乳汁，如果不被吸取的话，就会十分痛苦。这时的狗妈妈也好，鹿妈妈也好，都会接纳刚出生的幼猫，而幼猫也需要乳汁来填饱自己的肚子。这样的“各有所求”，就形成了狗与猫之间新型的“母子关系”。狗妈妈心无杂念地给幼猫喂奶，把它抱在怀里睡觉，毫无芥蒂地把幼猫当成自己的爱子。而幼猫也真心将狗妈妈看作自己的母亲。这种关系很像人类的养子。母亲刚生产，却由于种种原因不能喂养自己的婴儿；而婴儿刚出生就失去了母亲，得不到母乳的喂养。当人们将这样的一对母子放到一起时，就构成了养母养子的关系。虽然他们就像亲生的母子一样，但若是在养母的脑子里存在着“养子意识”，而在养子的脑子里也存在着“养母意识”的话，这种意识越强，亲子关系就会越淡薄。最终的结果就是，幼猫不肯吃狗妈妈的奶，而养子也不肯吃养母的奶。就这一点而言，人类与猫类是一样的。

看着狗与猫开心地玩耍，真是让人心情舒畅。天敌之间要想达成如此和谐的关系，必须要从小培养；也就是说，要在它们不知道自己是猫还是狗的幼年期就开始培养。同龄的幼狗和幼猫出生一段时间之后，让它们断了奶，然后，让它们在同一只饭盆里吃饭，在同一个窝里睡觉，幼狗和幼猫很快就会成为亲密无间的朋友。我想，狗与猫之间，如果能够用语言来沟通的话，关系可能会更加融洽。可惜它们是语言不通的两种动物，这也是没办法的事情。但是，如果说因为语言不通而难以融合的话，人类岂不也是一样？世界因此会遭受怎样的损失，人类应该比我等猫类更加清楚吧？

我等猫类的种种举动，人类认为是善也好，是恶也罢，大抵都是出于本能。而所谓的“爱”，也无非就是母爱与恋爱这么简单，实在不值得一提。不过，在这里我想重点介绍一下猫类友爱的故事。

有个故事讲的是一只名叫“阿奈”的猫救了主人家金丝雀的命。这在猫类当中，可以称得上是最高的道德典范了吧。一天，主人外出了，家里只剩阿奈和金丝雀。一只野猫趁着主人不在，爬上了主人宠爱的金丝雀的笼子。就在这千钧一发之际，阿奈意识到危机，于是它冒着生命危险，飞扑到金丝雀跟前，硬是用嘴把金丝雀叼到了安全的地方,解救金丝雀于危难之中,保全了其性命。接着，它又开始追咬野猫，直至将其赶出了大门。

我等在十分感动的同时,也曾经思考过阿奈的做法。它能够这样做，到底是出于母爱呢，还是出于自爱？其实都不是，完全是一种朋友之间的友爱。同时，它还想到了将处于危险之中的金丝雀转移到安全地方的办法，并且马上就去做了。仅就这一点而言，即便是人类，要是没有相当的智慧，也未必能够做到吧。我想，阿奈救金丝雀这件事，恐怕不能仅仅归结于动物的“本能”，在很大程度上，不能排除它“理性”的因素。总之，我等猫类也是有一些“忠勇之士”可以撑门面的。那些总是辱骂我等猫类的人类，是否也应该好好反省一下？请你们千万不要忘记这一点：我等猫类是低等动物啊。

薄云的猫与漱石的猫

江户的吉原盛极一时，有个名叫薄云的妓女，可谓色艺双全。客人盈门，据说薄云一笑，便可夺了那帮轻狂之徒的魂魄；武将看一眼薄云的笑靥，会不知不觉间丢失驻守的城池。多少无聊的客人，为了赢得她的温婉一笑，不惜一掷千金；多少浪荡的公子哥，为了解开美人愁锁的眉结，而竭尽谄媚之能事。薄云是个爱猫之人，简直达到了至痴至狂的程度：睡觉离不开猫，起床离不开猫，就连接客时也离不开猫。要是哪天猫不在身边了，她就会坐卧不安，似乎太阳落不下山去，而夜晚的天空也不会再亮起。有些聪明的客人就利用薄云爱猫这个嗜好，设法讨好她。据说，他们当着薄云的面舔舐猫的脑袋和猫的屁股。

当时，这样的传说遍及整个江户。人们都说，千金难买薄云一笑，但只要爱猫，就准能博得薄云的欢心……

可见，薄云爱猫家喻户晓，直到今天，人们还对她爱猫的事津津乐道。一个漂亮的女人喜爱自己的猫，原本也没什么值得大惊小怪的，难道就因为她的身份而显得特别？不过，仔细想想，一个客人为了博取薄云的欢心，拼命对她的猫大献殷勤，如此看来，我等猫类是不是要对人类的品德产生某种怀疑呢？

上面所说的，是江户时代名妓薄云与猫有关的传说。然而，利用猫达到自己的目的这种事，并非只有江户时期才有。时至今日，这样的故事也是不胜枚举。让我等先来举个保险推销员的例子吧。推销员来到您家，如果走廊上有猫的话，不管是瘦猫还是脏猫，他都会故作惊喜状，道：

“啊，多可爱的猫啊，我也特别喜欢猫。”

以猫为媒，拉近与客户的关系，说的都是违心话。他们的目的也很清楚，就是为了向您推销保险产品。当然，也不仅仅限于猫，如果您家有狗、有鸡、有山羊、有兔子等，都是可以的，反正他们会把那些阿谀奉承的话，说得您满心欢喜。喜欢被别人夸奖，爱慕虚荣，这是人类共有的劣根性，而那些生意人就是利用人们的这种劣根性达到自己的目的。客人利用薄云的猫博取欢心，推销员利用某某商店、某某农家的猫推销保险产品，无非就是借以获利的手段而已。有人认为，这样的生意人防不胜防。我等猫类认为，不必防别人，只要能够防好自己的劣根性，世上的事情就会简单许多，消停许多。

一条院的御猫产崽之后，皇帝给它封官衔的故事，以及著名俳句诗人岚雪的老婆夜里抱着猫睡觉，而把丈夫晾在一边，最终离婚的故事，虽说很好玩，但与我等要说明的主题没有多大关联。因此，在这里就不说了。

下面，让我们来看一眼大名鼎鼎的漱石先生的猫。夏目漱石先生写过一部名为《我是猫》的小说。他为什么给这部小说起这么个名字，我等猫辈至今都没有弄明白。但作者以一只猫的视角去看世态炎凉、人生百态，这一点我等猫类还是懂的。他极自然地用猫的口吻，描写了学校教员苦沙弥、研究自缢力学的知识分子寒月、美术工作者迷亭，以及欲望膨胀的金田夫人等四五个人物的生活与对话，也写主人的家庭生活、日常琐事。总觉得这只没有名字的猫咪能够把整个人类和社会看穿看透，带着些许嘲讽，或者同情。最近听人说，可以从漱石先生的这部小说中欣赏到丰富的诗意。不过，恕我等猫辈愚钝，体味不出“诗意”何在。但是，漱石先生既然让猫做了主角，在他的作品中，我等也能在许多方面体味到猫的感觉。例如：

我敢说人们都是非常任性的，因为我和他们同住期间进行过细致的观察。特别是两个经常与我睡在同一张床上盖同一床被子的小女孩更是胡作非为。她们只要兴起，想怎么样就怎么样，让我头朝下提着我，还拿纸袋往我头上套，再不然就把我往外边扔，或是塞进炉灶里。但是我却不能表现出一点儿不服，否则他们全家上下团结起来到处追我，对我进行伤害。几天前，我用爪子轻轻挠了下席子，立刻引发了女主人的咆哮。此后，我便被禁止进入客厅。在厨房的地板上，即使我冻得全身哆嗦，他们也不管不问。

为什么全世界的猫都讨厌小孩呢？就是因为像漱石先生在作品中所写的那样，我等猫辈一直在遭受小孩子们残酷的迫害。

在这一点上，我们猫类没有那么多想法。想吃就吃，想睡就睡，生气的时候就尽情发泄，伤心的时候就痛哭流涕。再者说，对于日记这种一点儿用也没有的东西，我们猫类是肯定不会写的。记它有什么必要呢？或许，有写日记需要的人都是像主人那样想法和行动不一致的人，他们真实的一面不能公布于社会，于是暗中一通发泄。而在我看来，我们猫类的真实日记就是吃喝拉撒睡，把自己的真实想法一点一滴保留下来太浪费体力，实在没有必要。有闲工夫，不如在长廊里睡睡觉，那比写日记惬意多了。[1]

猫看到家里的主人、学校教师苦沙弥写日记时，说了上面这段挖苦的话。世人都知道，日记上所记载的事情大多是虚假的，而我等猫辈每天拉屎撒尿都是真实的。所以，与其费那劲去写日记，还不如利用这个时间去午睡呢。这大概也是漱石先生内心世界的一种独白吧。

漱石先生自从写了这部《我是猫》，就像鲤鱼跃龙门一样，一举成为日本著名的大文豪。然而，他虽然精心挑选了《我是猫》这个书名，却把猫的一件大事给忘记了，不能不说很遗憾。漱石先生要是将前面那段“用爪子轻轻挠了下席子”，改成“在丝绸坐垫上舔了脚上的泥巴”的话，那简直就是救世主再世，救我等猫辈于水深火热之中啊。只要大作家漱石先生这么说，猫在丝绸坐垫上舔泥脚就会被认定为猫的一种本能。那样的话，即使弄脏了丝绸坐垫，主人也没有理由再打我们了，我等猫辈在生活中也许就能像前面所说的那样体味到某种“诗意”了吧。

---

① 两段引文选自《我是猫》中文译本，上海三联书店 2016 年版。

不好意思，您瞧我等忘了自己猫的身份，对日本的大文豪说了这么多失敬的话，真是丢死人了。漱石先生在他的另一篇随笔《猫之墓》中，曾经写过这么一句话：“客厅里那些漂亮的坐垫，大部分是被它弄脏的。”我等感觉到先生的这句话充满着温暖的同情心，说明弄脏坐垫是我等猫辈的“本能”，而非恶作剧。这样，人们在遇到类似场面时，不再斥责我等，而是一笑了之，该有多好！这不管对我等猫辈还是对人们来说，不都是一件很轻松的事情吗？这也就是人们平时所说的“站在什么立场上说什么话”吧。

给猫立了碑

上一节，我从薄云的猫说到漱石的猫。本来，我被漱石的猫吸引了注意力就是一个错误。因为我如此费口舌来讲猫的故事，其目的就在于揭示猫的真面目，澄清世人对猫的误解。我等猫辈认为，要想消除人们内心深处长期以来形成的对猫的偏见，就必须讨伐那个最大的祸根——《锅岛家的猫妖传说》[①]，将此类愚蠢的书赶出人类的视野。

下面要说的是《锅岛家的猫妖传说》的故事。为了

① 《锅岛家的猫妖传说》：相传，这个故事发生在日本古代肥前国佐贺藩的第二代藩主锅岛光茂时代。光茂杀了臣下龙造寺又七郎，又七郎的母亲十分痛苦，对家养的猫诉说了自己的悲痛后自尽了。舔舐过又七郎母亲鲜血的猫变化成妖怪，潜入城内，每天晚上都去光茂家寻仇。日本嘉永年间这个故事被改编为歌舞伎《花嵯峨猫魔稗史》上演，之后因为佐贺藩的抗议，而终止了演出。

我等猫辈的名声，也为了日本国民的名誉，我们必须烧掉这本恶俗透顶、荒谬绝伦的书。它的存在，就是我们日本这个国家的奇耻大辱。昭和五年（1930）七月十四日，英国的《每日快报》[1]以东京电报的形式，刊载了一篇令人吃惊的消息。报道说，曾经喧闹一时的日本锅岛家的"猫妖"，在沉寂了250年之后，再度在日本出现。由于它们专门袭击官员的后代，因此引起了他们妻女的极度恐慌，云云。

如果这是老爷爷老奶奶在街边的闲谈，倒也就听之任之了。可是，《每日快报》在伦敦是一份很有分量的报纸。而且，那个被称作"东京特派员"的人，是依据什么发的电报？还不是从本地人那里采集的信息？我认为，那帮热衷于街谈巷议、无中生有的日本人才是最可恶的。

不出所料。据了解，那个无厘头的电报正是《每日快报》驻东京的特派员看完戏，在回家的路上听到有人议论这件事，感到特别新奇，就往伦敦发了这份电报。事实上，还是东京市民提供了假信息。日本国民难道不

① 《每日快报》：英国一份小型报，是每日快报系的旗舰报纸，创刊于1900年，第一份报出版于当年4月24日。

应该就这件事情做出反省吗？说什么那些250年前祸害锅岛家人的“猫妖”，如今又在日本出现，并且影响着女孩子们的安危。我等世代生活在日本这块土地上，又岂能听之任之？

我等在惊叹于有关猫的愚妄传说众多的同时，认为要想粉碎这些虚妄之说，其实，并不需要使用“马力”，仅凭我等“猫力”就足够了。不过，如果一味谴责这种“恶”的话，往往非但不能取胜，还有可能会给那些心存恶意之徒找到为自己辩解的借口。因此，我们要在谴责人类这种“恶”行的同时，列举猫类的“善”行，以改变人们的看法。作为对“恶”宣战的前奏，先让我等举几个“善”的例子吧。这是一个出自《闲窗琐谈》的故事，讲的是位于远江国的御前崎西林院的猫冢的由来。书中这样写道：

某年，狂风大作。一只幼猫抓着块木板，漂流在海面上。西林院的住持在岸边看到了这个场景，顿时心生怜悯，急忙雇了快船出海，将这只处于极端危险中的幼猫救了回来，并饲养在寺院中。这只猫虽说是个畜生，但深感住持的救命大恩。在住持的驯育下，它逐渐能够听懂住持的话，并且时刻不离他左右。

时光荏苒，一眨眼十年过去了。当初的幼猫早已出落得温顺乖巧。这只猫勤快能干，寺院里就连老鼠的声息也听不着。平静的日子如同清澈的河水，静静地流淌着。然而，就在这一年，寺院里即将发生一件惊天动地的大事，住持的性命危在旦夕。猫事先就有了预感，并且做好了救住持的一切准备。它要以此来报答住持的救命之恩与多年来的养育之恩。

那天，寺院里的小僧正在廊檐下打坐，猫蹲在他的身边，不停地向院子里张望。这时，寺院邻家的猫跑了过来，对寺院的猫说："我们一起去参拜伊势神宫吧。"寺里的猫为难地说："我也一直想去啊。可现在住持有难，我哪能离得开呢？"听寺里的猫这么说，邻家的猫赶紧凑过来，两只猫小声嘀咕了一会儿，就一溜烟地跑走了。

当天，夜深人静之时，大殿那边传来了轰隆隆的巨响，就像打雷一般。夜里，寺里只有住持和小僧，还有个已经在寺里住了四百多天的游方僧人。寺院里深夜如此吵闹，却没见着游方僧人的影子。住持和小僧提着灯笼，来到大殿门前看了看。一则正当夜深之时，二则事情好像发生在大殿的顶棚上，他们二人也无法察看。天亮之后，他们连忙来到大殿，只见地面上有斑斑血迹。抬头往上看，像是从顶棚上滴落下来的。于是，住持雇了个村民，带着小僧爬上顶棚察看。顶棚之上，寺里那只猫浑身是血，已经气绝身亡。旁边躺着邻家的猫，身上多处受伤，也是气息奄奄。而不远处有只身长两尺多的大老鼠，浑身的毛像松针般支棱着，很可怖的样子，鲜血淋漓地倒在地上，看上去还有一口气。他们二人举起棍子一阵乱打，老鼠即刻毙命。他们又赶紧将两只猫抱了下来。由于伤势过重，不一会儿，邻家的猫也一命归西。只是很奇怪，那只大老鼠怎么会穿着那个游方僧人的衣服呢？

作者在最后写道："经过仔细辨认，住持发现那只大老鼠原来就是那个一直住在寺里的游僧变成的。而它来寺院里住下的目的，就是吃掉住持，只是一直没有找到下手的机会。它的这个阴谋不知怎么就被寺里的猫给识破了。猫舍了自己的性命，与鼠精拼死搏斗，救了住持的命，报了他的恩。猫的这种悲壮之举，得到了大众的一致赞许，人们便在回向院给两只猫建了墓，立了碑。"

这个故事不是对那些污蔑我等"知恩不报""恩将仇报"的谬论最有力的回击吗？尤其是邻居家的那只猫，更是充满情义，加入讨伐鼠精的阵营，主动助寺里的猫一臂之力，最后不幸丢了自己的性命。西林院的住持与附近村上的百姓为了纪念忠烈的猫，修建了猫冢，也是做了人类应做的事情。猫有如此善行美德，可惜知道的人太少太少了。

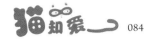

猫也有“忠义之士”

猫的忠烈美谈还有许多许多。下面就让我来说说猫为主人殉死的故事吧。有部叫作《新旧闻集》的书中，就写了猫殉死的故事，大致如下：

在大阪市区的叶山町有家铁匠铺子，铺主叫八兵卫，一生没有娶妻。他临近归天之时，养了多年的猫一直守候在床边。八兵卫对猫说：“我很快就要死了。我死之后，要是有喜欢你的人家，你就跟着他们去。”八兵卫向猫交代完毕，就一命呜呼了。在给主人送葬时，猫也跟在后面。可是，再次返回家中后，猫就咬断了自己的舌头，绝命而亡。此事发生在贞享二年(1684)十月二十八日。

日本很早以前就禁止殉葬这种做法了。八兵卫的猫只不过是一只普通的动物，它深感主人的养育之恩，在主人死后，不仅追棺送别，回到家里还咬断舌头自尽，执意要陪主人于地下。这样凄惨的猫殉死的故事，说来真是让人唏嘘不已。

原本，猫是利己主义者，一切行为都以自我为中心。哪怕是一片肉、一块鱼，只要自己没吃饱，是绝对不会让给其他猫的。相反，只要肚子吃饱了，即便是山珍海味，也任由其他猫去吃。您瞧，我说着说着就谈起了猫的心理学了。总之，这样的利己主义者，一旦心存感恩，也会不惜以命相报。我等猫辈的最高道德标准就是，感激主人的养育之恩，以死相报亦在所不惜。虽然看上去不那么高大上，但没办法，谁让我等是动物呢？

在这类杀身成仁的猫的美谈中，尤其以救得主人性命者最为感人，就像前面说到的猫与鼠精浴血搏斗，保全了主人而牺牲了自己的故事那样。下面我再讲一个类似的故事，比前一个更加充满人情味。关于这个故事的出处，张三说发生在他们那里，而李四又说发生在他们那里。很遗憾，因为大家都在争抢这个美谈的归属，所以，它究竟发生在何地，又是谁家的猫，已经无法弄清了。这也是人类对故土的一种荣誉感吧。不过，我等以为，张三也好，李四也罢，弄不清地点岂不更加有趣？

某地有只名叫阿玉的猫。它的主人特别宠爱它，甚至比自家的孩子还要宠几分。而它呢，也能够体味到主人的宠爱。一天，主人的女儿要去如厕，可阿玉用嘴紧紧地叼住姑娘的裙裾不放，意思是让她不要去。但是，人与猫之间语言不通，叼住姑娘裙裾的又是一只公猫，这家人就对阿玉产生了误解，以为它对如花似玉的女儿起了邪念。主人愤然道："你个畜生！平时对你的宠爱都白费了，你个恩将仇报的东西！"话音未落，手起刀落，就将阿玉的头给砍了下来。离开了身体的猫头，在空中画了个弧线，竟然落到了厕所里，咬住了一条等在厕所窗户上的大蛇，并且与那条大蛇展开了殊死搏斗。姑娘并不知道厕所里的这些情况，当她走进厕所，猛然看到这个场景时，不由得吓得"啊——"地惊叫一声。听到姑娘的叫声，家里人就更加生气了，骂道："这个死猫，死了还要作怪！"而就在此刻，姑娘静下心来一看，只见鲜血淋漓的猫头还在与一条大蛇搏斗，这才感到什么地方有些不对，赶紧让家里人来看。直到这时，大家才明白，原来是误解了阿玉的意图，误杀了这只忠诚的猫，真是悔恨交加。于是，一家人合力杀死了大蛇。他们深知幸亏有了阿玉的保护，姑娘才能幸免于难。他们抱着阿玉的头，痛苦不已，不知如何感谢这只被自己家误杀的猫。见此情形，阿玉露出欣慰的神色，闭目安息了。

上面的这个故事或者传说，大概是受了蛇精迷恋上美女的迷信说法的影响。但这并不重要，它要告诉我们的是，那只深受主人宠爱的猫，即使在自己已经丧命的情况下，还能竭尽全力与大蛇搏斗，从而救了主人女儿的性命。在中国也有类似的故事，让我们一起来看看吧。

一天，猫与蛇在路边混战，有个路过的男人用镰刀将蛇砍成了两段，救了猫一命。谁想到了夜里，趁那个男人睡觉时，那条只剩一丈多长的蛇潜到了他的卧床下面，想伺机将他咬死。而那只在路边得到过男人帮助的猫知道了这个情况，急得在男人的家前屋后团团转，却又不知如何是好。眼看自己的恩人就要遭到蛇的暗算，出于本能，猫就使劲地叫唤。在猫急促的叫声中，男人突然从睡梦中惊醒，一看，那条大蛇正虎视眈眈地盯着自己呢。他连忙逃出房间，避免了一场灾难。

只剩下一个脑袋的蛇，还能怀着那么深的执念要复仇，千方百计想袭击它仇恨的男人。那只曾经得到帮助的猫，感念男人的恩情，凭着自己的灵性，发现恩人有危险，设法将他救出了困境。作为一只猫，也算是尽了自己最大的努力吧。与前面那只救姑娘的猫比，这只猫的事迹过于平凡。不过，正巧与前面的故事异曲同工，我就把它记录下来了。

感恩的行为并非属于“义”的范畴，这是对的；利己主义者没有“忠”可言，这个说法也是对的。不过，“义”与“忠”这些东西，光靠嘴巴说恐怕是不行的。

有马[1]家的猫妖作怪

何谓“文学”？这对于我等猫辈而言，的确是个太深奥的问题。不过，假如俳句诗圣一茶[2]的猫的文章、支考[3]的《祭猫文》、蜀山人[4]的猫赋，还有蓑翁[5]的猫赞

---

① 有马：即有马赖贵（1746—1812），日本古代筑后国久留米藩国的第八代藩主。创建藩校、明善堂等，为久留米藩国文化运动做出过贡献。

② 一茶：即小林一茶（1763—1827），日本俳句诗人。原名小林弥太郎，一茶是他的俳号。著有《一茶，猫与四季》俳句集，收录了他 27 岁至 64 岁间咏猫的俳句作品。

③ 支考：即各务支考（1665—1731），日本江户时代前期的俳谐师，“蕉门十哲人”之一。别号东华房、西华房、狮子庵等。

④ 蜀山人：即大田南亩（1749—1823），日本天明时期具有代表性的文人、狂歌师、御家人。名覃，字子耕，号南亩，通称直次郎，后改为七左卫门，别号蜀山人。

⑤ 蓑翁：即英一蝶（1652—1724），日本江户时代中期（元禄时期）画家、艺人。画号翠蓑翁等。

等是关于猫的文学，那么，有马家的猫作怪、锅岛家的猫作怪之类的传说，无疑也是文学作品了。那些能够从猫的身上体味到诗意的人，那些感到猫很滑稽的人，那些爱猫恨猫的人,那些认为猫是具有魔性的怪物的人……不一而足，见解各不相同，著述也就各有特色。如果说，以上列举的作品有一个算是文学的话，那么，其他的必定也都是文学。如果上述的某一个不算文学的话，那就全都不是文学。我等不认为一茶、蜀山人这些名人的作品就是文学，而无名之辈所写的就不是文学。无论是赞美猫的，还是将猫写成怪物的，都有自己的理由吧。

夏目漱石的小说《我是猫》，据说是现代文学作品中的佼佼者。想必，此作从文学的角度去考量，具有很大的价值。但是，真正能够读懂它、肯定它的人并不多。读者层面宽且读者数量众多者，倒要数《有马家的猫妖》与《锅岛家的猫妖传说》这种类型的故事传说。在漱石所写的猫中，有一只叫作“三毛子”的猫，知道的人就很少。在《有马家的猫妖》中，那只名叫“阿玉”的猫，小到老鼠，老到目不识丁的老太太，无人不知，无人不晓。这类作品的社会影响之大，不言而喻。当孩子们还在摇篮里的时候，就听这帮老婆婆、老爷爷讲“猫妖”的故事，所以，在他们幼小的心灵里，猫就是魔鬼，猫就是妖怪。这成为他们先入为主的一种观念，他们早已坚信不移。漱石笔下的猫是文学无疑，而《有马家的猫妖》大概不属于文学的范畴吧。即便要算，《有马家的猫妖》和《锅岛家的猫妖传说》，也是极其恶俗的文学，必须把它们彻底埋葬掉。当然，究竟是不是文学，也不是我等猫辈能够弄得清楚的。

《有马家的猫妖》的故事情节大概是这样的。阳春三月，中务大辅[①]有马赖贵举行观赏樱花的宴会。正当数十名嫔妃在盛宴上宴乐之时，因担心会伤到宾客而被拴在窝里的爱犬“雏丸”，突然挣脱了绳索，跑到宴会厅里，对着那只悄悄蹲在栏杆后面的猫狂吠。赖贵看到这个场面后，觉得不吉利，一怒之下，便要亲手杀了它们。此时，有个叫作阿溪的侍女，眼疾手快，冲上前去，一棒子就将那只狂犬打晕在地。赖贵大喜，命人赏这个侍女。可是，阿溪固辞不受，只是请求主人不要杀栏杆后面的猫，把它赏赐给自己。之后，阿溪给这只猫起名“阿玉”，养在了身边。赖贵贪恋阿溪美貌，起了邪念，就命老臣说合，

① 中务大辅：日本律令制下“八省”之一的中务省次官。中务省又称内务省。

要纳阿溪为妾。阿溪以自己的身份低贱、不合礼仪等种种借口，婉拒了赖贵的要求。可是，赖贵不甘心，一而再、再而三地派人劝说。这么一来，府中的内眷总管——一个叫岩波的老妇就开始嫉妒阿溪。她唆使手下人对阿溪施加种种迫害，常常用不堪入耳的话辱骂她。阿溪虽然活着，却如同在炼狱中一般。最后，阿溪无法忍受，就自杀了。赖贵府里有个名叫仲女的女佣，一向忠诚正直，看不下去岩波的专横跋扈，举刀来刺岩波，可没能刺中岩波的要害。此刻，阿溪的宠猫冲上前去，一口咬断了岩波的喉管，致恶人于死地。本来，一只猫为宠爱自己的主人复仇，夺了宿敌的命，无疑是忠烈勇武的行为，应该得到人们的赞扬。但是，如果如实来讲这个故事的话，就不对那些恶俗文人的胃口了吧。他们深知，要是不扯到“怪物”之类的话题，就难以吸引世俗社会的关注。于是，他们就歪曲了事情的本来面目，将阿玉丑化成“猫妖”，说它白天撞击寺庙的钟，躲在老柳树下与鬼怪约会，等等。那只黑白相间的花猫阿玉，在那帮人的笔下就变成了身长五尺的“猫妖”。

从情节上看，《有马家的猫妖》这个故事没什么特别的，所谓“猫妖”作怪过程的描写也没什么精彩的地方。

侍女阿溪自杀的当天夜里，老妇岩波的脑袋被从江户芝区的赤羽根[1]的有马府邸弄到了本所业平[2]阿溪的老家，供奉在佛坛上。也就是说，这个故事与有马府邸几乎没什么关系。从报恩复仇的角度看，忠猫阿玉这样做也是正常的吧。故事中讲有马家的“猫妖”作怪是没有任何依据的。

那么，后来这只猫怎么与有马家产生了仇恨呢？因为他们找了个名叫小野川喜三郎的大力士前来镇压“猫妖”。大力士小野川喜三郎收服“猫妖”的过程中，发生了许多周折，原本普通的猫被魔化得面目全非。说它身长五尺，神力无限，能在空中飞舞，还有隐身的功夫。其实，地位显赫的赖贵对于“猫妖”的情况并不清楚。小野川是日本知名的大力士，要是搞不定一只“猫妖”，别人会不会说他宝刀已老呢？这样一来，就只能把有马家的“猫妖”渲染得如何如何厉害了。因为这关系到小野川今后的饭碗啊。从另一角度讲，那只叫“阿玉”的猫，为啥又一定要与小野川拼个你死我活呢？它已经被列入

① 江户芝区的赤羽根：日本江户时期的地名。现位于东京都港区。

② 本所业平：日本东京都墨田区的地名。即现在的业平一丁目至业平五丁目。

"猫妖"的行列了，被处死无法避免。既如此，它狠下心来，非要咬死小野川不也顺理成章？一只普通的猫，就这样被人们误指为"猫妖"，被迫与大力士小野川决一死战。不用说，最终必然是作为人类的小野川大获全胜……这个杜撰的所谓《有马家的猫妖》的故事，就是以讹传讹，蒙蔽了民众的心智。可见，恶俗文学是如何遗患无穷。

喵喵……

猫的传奇

家家户户都养着、宠着的猫，却总是顶着个骂名，甚至有人说它们是“猫妖”。狗要是抬起前腿作个揖的话，人会稀罕得不行，可要是猫也朝人挥舞爪子的话，就会被说成装模作样，成为挨骂的导火索了。然而，“妖”这个字用在狐狸的身上，就有那么多美妙的传说，而一旦用在了猫的身上，就成了“猫妖”。即使不带贬义，也能隐约感觉出“猫是怪物”的意思吧。

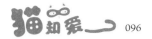

猫的美谈为什么那么少?

家家户户都养着、宠着的猫，却总是顶着个骂名，甚至有人说它们是“猫妖”。狗要是抬起前腿作个揖的话，人会稀罕得不行，可要是猫也朝人挥舞爪子的话，就会被说成装模作样，成为挨骂的导火索了。然而，“妖”这个字用在狐狸的身上，就有那么多美妙的传说，而一旦用在了猫的身上，就成了“猫妖”。即使不带贬义，也能隐约感觉出“猫是怪物”的意思吧。这完全是误解和迷信造成的。猫可以说是蒙受了不白之冤。

不过，话又说回来，在日本，对猫的抹黑可以说是由来已久。据史料记载，将猫视为妖怪始于镰仓幕府时代。当时的话本《古今著闻集》[1]中，就有描写行为怪异的猫

① 《古今著闻集》：13世纪日本镰仓时代的橘成季编纂的世俗说话集，简称《著闻集》，由20卷30篇726话构成，是日本规模仅次于《今昔物语集》的大部说话集。

的内容，怀疑它们是魔鬼变化而成的。这个阶段的“猫妖”故事大致以寺院题材为主。这也许是与当时佛教传入日本，为了防止经书遭到老鼠啃食而损坏，同时引进了猫有关吧。

到了江户时代，“猫妖”的故事开始出现在各种随笔和志怪小说中。例如《兔园小说》[①]《耳囊》[②]《新著闻集》[③]等作品，收录了民间有关猫变化成人、说人类语言的传说。在《甲子夜话》[④]《尾张灵异记》[⑤]等作品中，收录了猫会跳舞的故事。《耳囊》一书中所记载的，都是一些活了十年以上、能说人话的猫。而猫与狐狸交配所生下的猫，不用十年就能开口说人话。从该书的内容看，老猫一般都变化成了老妇人。江户时代是“猫妖”故事最鼎盛的时期，有些故事，例如《锅岛家的猫妖传说》等，被改编成剧本上演，产生了强烈的社会影响。

---

① 《兔园小说》：江户后期的随笔集，曲亭马琴等编，共12卷，另有外集、别集、余录等9卷。
② 《耳囊》：根岸镇卫著，长谷川强校注。
③ 《新著闻集》：神谷养勇轩著。
④ 《甲子夜话》：松浦清著，中村幸彦、中野三敏校订。
⑤ 《尾张灵异记》：富永莘阳著。收录于《名古屋丛书》第25卷。

相传，在《涅槃图》[1]上，描绘了众多人物及鸟兽前来朝拜的场面，可是，人们没有看到猫的踪影。我就向路边的僧侣打听，他们都说不出什么原因。也就是说，《涅槃图》上没有画猫，是没有理由和依据的。猫作为一种家畜，饲养的人很多，但它与其他家畜相比较，在家里的地位并不高，这是实情。再加上一些臆想邪说的演绎，人们对猫的误解也就越来越深。僧侣们过着与世无争的生活，哪里会去思考这样的问题？当然也就不能给出正确的答案。这样一来，以讹传讹，人们对“猫妖”传说也就信以为真了。

历来就有人在散布“猫妖”的怪论，说猫的年龄越大，就越可能变成妖怪。长期处于这样的舆论环境中，一些轻薄的文人就利用古代关于猫的恶行的传说，编派出了《锅岛家的猫妖传说》等恶俗无聊的故事，愚惑无知的大众。如此说来，现今有关猫的恐怖传说众多，而美谈佳话很少，也就不足为奇了。

---

① 《涅槃图》：指中国明代吴彬所画的《涅槃图》，是一幅皇皇巨制，现藏日本圣福寺。日本的涅槃图受到中国的影响，并且，经过各个时代宗派的精心制作，也有了独立的发展。

一岩寺的白猫

古时候，在奥州[①]的岩沼地方，有座寺庙叫一岩寺。寺院的住持泰山特别喜欢猫，寺院里有只名叫阿丸的白猫，是他的最爱，也是他从小养大的。据说，阿丸虽然是动物，但在泰山的驯养下，居然也能听懂人话。例如，泰山说："阿丸，去把我的烟袋拿来。"这猫就会马上将烟袋锅叼到他的面前。他要是说："阿丸，去把扇子给我拿来。"白猫眨眼工夫就会把扇子给他送来……总之，住持说什么，它都能听得懂，而且乐意照着做。这一来，就有流言蜚语传出来，说泰山养的白猫成精了；也有好心人担心庙里的和尚会被"猫妖"吃掉；更有些想象力丰富的人，甚至说看到白猫变化成了女人。

① 奥州：即陆奥国，古代日本令制国之一，属东山道，其领域在现在的福岛县、宫城县、岩手县、青森县一带。

一天，泰山喝得酩酊大醉，躺在床上呼呼大睡。这时，他听到耳边有“和尚，和尚”的喊声。睁眼一看，并没有人，只有那只宠爱的白猫在身边。泰山觉得很奇怪，迷迷糊糊又听白猫说道：“我一直受到您的宠爱，可由于自己是个畜生，没有报答的机会，我很惭愧。现在，有件事情我必须告诉您。明天晚上，有个游僧要来您的寺院里借宿。这个游僧看上去是人的模样，实际上是个长年修炼成精的鼠妖。它来向您借宿，是要等您睡着以后把您吃掉。所以，您必须小心在意。而且，您已经被那只老鼠精盯上了，拒绝借宿也没用，您即便是去施主家住宿也没用。所以，您还是得在加倍小心的同时，同意让它借宿。夜里，您就让它住在寺庙正殿的旁边。那样，当它走出正殿准备吃您时，我就会扑上去将那只老鼠精捉住。只要能救您的性命，我也就报答了您这么多年来对我的恩宠。明天下午起，我就会躲藏起来。我躲起来以后，您自己一定要多加小心……”猫说完这一番话就离开了。此刻，泰山也惊醒了。

睁开眼睛，泰山有些心烦意乱。这是个什么奇怪的梦啊，把人折腾得浑身疲惫。明晚有个老鼠精要来夺自己的性命，而那只一直与自己做伴的白猫要来救自己？

真是个乱七八糟的梦。不是说“圣人无梦”吗？自己一个出家人做这样的噩梦，也配不上称佛家弟子啊。看来，自己平时宠爱的白猫并不是“枕神”[①]，而是只“枕猫”啊。尽管如此，也还是不能掉以轻心。好在它说明天下午就会躲起来的，就以此作为验证吧。泰山越想心里越害怕，出家人也会被琐事缠绕，思来想去，一夜未眠，就那么睁着眼睛等待乌鸦的啼叫声唤醒黎明的曙光。

天终于亮了，阿丸表现得一如往常。可到了中午时分，就不见了踪影。此时，泰山想起了昨夜的梦，心里有些慌，不知将会发生什么。今夜真的要被人夺取性命了吗？这是自己最后一次看到这个世界吗？阿丸真的能够帮助自己吗？正当泰山陷入沉思，不知如何是好时，寺院门前来了个身穿灰色衣衫，手臂上绑着白色护腕，小腿上绑着白色绑腿，背上背着行囊，头上戴着网状斗笠的老和尚。老和尚站在寺院门前，嘴里念念有词，“贫僧打扰，请多关照”，云云。泰山暂且压下肚子里的种种疑虑，连忙问他所求何事。老和尚说自己是云游四海的和尚，现在天色已晚，求借一宿；要是正殿不方便的话，在院子里随便找间

---

① “枕神”：日本神话传说中给主人托梦的神。

杂物房间就可以。听完他的话，按照佛家的规矩，泰山应允了他的请求，并重新见礼问候。泰山因为看不到猫在身边，判断对方肯定是个修炼得道的鼠妖。他一边暗地里小心翼翼地陪着他吃饭，一边与他扯着闲篇。

吃过晚饭，又说了会儿话，夜也深了。游方僧人说自己明天还要赶路，想休息了。于是，泰山就照阿丸所说的那样，将游僧安置在正殿旁边的一间房子里，自己也回房休息。今夜可是自己命悬一线的关口，泰山当然不能安然入睡，瞪着眼睛胡思乱想起来。就在这时，他猛然听到游僧居住的正殿那边传来“哗——”的一声巨响。泰山只觉得大殿里的佛像倒塌了似的，那个吼叫的声音像百兽齐鸣般震撼着夜空。

泰山手持蜡烛，战战兢兢地来到正殿。只见一只两尺余长的大老鼠，正在凶猛地与自己心爱的猫阿丸搏斗。穷凶极恶的老鼠反过来是会咬猫的，既然这只鼠妖有胆子来吃泰山，即使被阿丸咬住了，也未必会罢休。泰山站在旁边，看着它们双方竭尽全力地上下翻滚，拼死打斗。那打斗场面，恰似豺狼相斗，又如龙虎相争，别提有多惨烈了。泰山一边心底里暗自念叨着：阿丸你可不能输啊，你输了的话，我的性命就保不住了，一边不停地为阿丸鼓劲。他拼命喊道："阿丸，加油！阿丸，加油啊！"他的叫喊声回荡在远离村庄的空旷的山野里，居然比寺庙里的钟声传得还要远，惊动了远处的村民。村民们不知寺庙里发生了什么，就派了几个年轻力壮的小伙子跑上山来。他们看到泰山还在一个劲儿地喊着："阿丸，加油！阿丸，加油！"村民们感到很奇怪，连忙向他打听事情的原委。泰山央求道："具体情况我回头再跟你们说，现在要紧的是给阿丸加油。你们也一起来吧。"就这样，泰山得到了村民的支持，众人连声为阿丸加油。鼠妖的力气不见衰落，而猫的力气也不输给老鼠，双方可谓势均力敌。结果，猫与鼠妖一直打斗到天快亮的时候，最后双方都死了。

泰山怀着悲喜交加的心情，向村民们叙述了事情的来龙去脉。他一方面为失去了自己的爱猫阿丸悲痛不已，另一方面又为阿丸知恩图报，救了自己的性命而感到欣慰。村民们也深深地被猫的报恩行为感动，为自己平时对猫的侮辱而道歉。很快，人们就将这件事情报告给了名主[①]。由于岩沼属于仙台领主[②]田宫某管辖，这件事情

① 名主：日本江户时代村镇的官员。

② 领主：日本封建时期，拥有一定土地并且统治一方百姓的地方官员。

又十分蹊跷，田宫某便亲自前往，验证了猫与鼠妖战死的现场。后来，一岩寺从猫和鼠妖的身上各取下两条腿，做成了一张桌子，据说这张桌子一直流传至今。舍自己的性命，拯救主人于危难之中，白猫的这种知恩图报的品德，比许多人类都要高尚。有人说猫是一种恩将仇报的动物，这完全是胡说八道。让我们都来赞美义猫阿丸吧。

蹲守主人墓地的爱猫

“艳装美饰女无忧，源平藤橘[1]男不愁。不夜城里月失色，集尽荣华六十州。”这是人们形容旧时江户繁华景象的一首汉诗。在江户“新吉原”[2]，有妓女名薄云。薄云生性爱猫，总与一只叫“阿驹”的三色猫相伴。恰如当时的俳句大师宝井其角[3]写给薄云的俳句，“京城爱猫人，妖娆娇娘数薄云，拥猫出南门”，想必，哪怕是上街闲逛，薄云也是要让使唤丫头怀抱着猫跟随身后的。

在“新吉原”里，薄云的名气很大，是个仪态万方

① 源平藤橘：旧时日本贵族的四大姓氏，即源氏、平氏、藤原氏和橘氏。

② “新吉原”：江户时期东京从事色情营业的场所。原来是在日本桥附近，明历大火之后，迁到了浅草寺附近。前者称“元吉原”，后者称“新吉原”。

③ 宝井其角（1661—1707）：日本江户时期的俳句诗人。本名竹下侃宪。

的花魁，吸引了众多的风流客人。据传，每夜来找薄云的客人都不下几十个，有的是真心眷恋，有的是慕名前来一睹芳容。不用说，凡是来见薄云的男人，不是财主，也是才子，自然都想得到她的青睐。可是，薄云对于男人情意绵绵的纠缠，常常是虚假应付，既不表示厌恶，也不露出真情，难得展露她美艳的笑容。薄云在男女情事上见识广博，怎么可能被花言巧语打动？在这些常客当中，有个机智的男子，他想博得薄云的芳心，便遵循古人“射人先射马”的策略，从薄云的那只爱猫阿驹入手。他殷勤地招呼阿驹，不停地抚摸它的脑袋，逗得阿驹十分开心，“喵，喵”地叫个不停。再看此时的薄云，就像一朵盛开的太阳花，一脸粲然。这真是，王侯将相的豪华盛宴，抵不过爱猫村夫的粗陋简餐。不用说，这个深谙爱猫人心思的男子,顺利赢得了美人薄云的芳心。

这个男子与薄云交往的故事不胫而走，差不多到了路人皆知的地步。若想看到薄云千金难买的笑颜，首先就得讨好她的爱猫。于是，凡是想巴结薄云的男子，也全都成了阿驹的“粉丝”。有时，阿驹也会舔舐薄云的衣领和面孔，讨她的欢心。这样一来，薄云有时就得屈尊亲手给阿驹清口，更加增添了薄云与爱猫之间的神秘色彩。由此可见，薄云是个多么爱猫的美人。

可是，好景不长，薄云突然得了病，渐渐地竟至卧床不起。即使扁鹊再世，也不能够挽救她的性命，薄云最终无奈扔下她的爱猫撒手归西。令人心酸和感佩的是，自从薄云下葬之后，阿驹就蹲守在她的墓地里，七七四十九日，天天蹲在她墓碑旁，不吃不喝，仿佛是在断食斋戒。阿驹这是在用生命报答薄云生前对它的万般宠爱。后来，那些在“新吉原”追慕薄云的风流子弟们，也深为阿驹的义举所感动，在阿驹死后，将它葬在了薄云的墓侧。

拯救主人出苦海的猫

在东京两国[1]的回向院[2]里有座猫冢，墓碑上刻着“米泽町三丁目鱼店金八施主”一行字。埋葬在这个猫冢里的猫，是一只曾经救主人金八出苦海的具有传奇色彩的宠物猫。据传，金八是个单身汉，从事卖鱼的营生。本薄利微，勉强混个温饱。家徒四壁，既无老婆，更无儿女，唯有一只唤作阿斑的花猫，权当作老婆、孩子般地宠爱着。

一年冬天，金八闲来无事，竟犯了赌瘾，跟一帮生意人赌起钱来。他的手气又特别差，赌到后来，竟将来年春天进货的本钱输了个精光。钱输光了，一夜暴富的梦也醒了，他不得不为开春的生意犯愁。没有

① 两国：位于日本东京都中央区、墨田区两区的两国桥一带。
② 回向院：位于日本东京都墨田区两国的净土宗寺院。过去在东京都荒川区南千住还有一家分寺。

了本钱，新年生意就开不了张，开不了张就没有收入。这样一来，原本就紧巴巴的日子还怎么过下去？他在梦中幻想着天花板能滚下元宝，屋檐下会冒出金币……就这么忧心忡忡，竟到了寝食难安的地步。那天，金八坐在家里胡思乱想，那只花猫看着主人魂不守舍的样子，便跳上了他的膝盖，“喵呜，喵呜”地叫个不停。金八心想：你要是我老婆的话，可能会想出个办法来，可你是只猫啊，又能帮我什么忙呢？哦，猫身上要是有金币就好了。只要两三枚金币，我就能把生意做起来了。我再也不会去赌钱了，一定好好做生意。阿斑你看能不能有什么办法啊？

就这样，金八与趴在自己膝盖上的花猫东拉西扯，说了许多胡话。接着又喝了几杯闷酒，便怏怏不乐地睡了。等他一觉醒来，朝枕边一看，居然明晃晃地放着三枚金币。金八有些不敢确定自己到底是醒了，还是在梦中。但是，他明明是醒着呢，哪是在做梦啊？金八对着阿斑，就像面对一位老朋友似的，说道：“这个金币是你拿来的吧？你帮了我的大忙，救了我的急难，太感谢你了。不过，这些金币要是偷人家的，我们就都没有脸面啦。”“阿斑啊阿斑”，金八边叫着猫的名字，边抚摸着它的身体。

阿斑抬起头来，朝金八看了一眼，“喵——”地叫了一声。

金八始终不敢相信有这样的好事。自己手里的到底是真的金币呢，还是自己想钱想疯了，把树叶看成了金币呢？他依旧半信半疑。天亮之后，他立刻跑到钱庄，将金币兑换成了零钱。还好，钱庄的伙计没有提出疑问。这下说明金币一定是真的了，他悬着的心也总算放了下来。金八马上去市场，很豪爽地采购了很多货物。这可是一批数量不少的货物啊，他要把新年的第一批货卖给日本桥堀留町姓犬井的大户人家。可是，那天犬井家好像出了什么大事，管家让他将货物送到回向院去，并向他表示了歉意，说这是他家主人吩咐的。

听完管家的话，金八隐隐约约地觉得犬井家一定是出了什么大事。新年期间，家里就这么慌乱，必定遇上了什么麻烦。于是，金八先对管家道了新年祝贺，接着问起事情的原委。管家说：“去年三十晚上，主人家放在柜子里的金币少了三枚，当时怀疑是家里的伙计长松拿的。今天早上，一只大花猫跑到我的房间里，咬钱柜的抽屉。家里的伙计就把那只猫给打死了。主人知道了这件事，责怪道：‘你们为什么要把猫打死？大过年的，多不吉利。’但猫已经死了，也不能复生啊。主人就让把猫葬到回向院去。看来一定是这只猫偷走了主人家的三枚金币。这只猫真是神了，是不是妖怪变化的，多可怕啊！”

听完管家的话，金八惊骇万分，再俯身去看猫的尸体——这不正是自己家养的阿斑吗！原来它是偷了犬井家的钱啊，今天早上一定也是来偷钱的。“啊——都是我作的孽啊。阿斑啊，请原谅我吧！”金八望着猫的尸体说着道歉的话，悔恨不已。

看到金八这个样子，主人问道:“这只猫是你家的吗?到底是怎么回事？”听到主人的询问，金八连忙擦了擦眼泪，向主人赔了不是。他说道：

“去年大年夜，我赌博输了今年做生意的本钱。回到家里不知如何是好，就对家里的小猫阿斑说，要是能弄到三枚金币就好了。后来，我喝醉就睡着了。谁知醒来之后，发现枕边放着三枚金币。当时我也觉得奇怪，可细看那三枚钱币，就与真的一模一样。所以，我就用它做了本钱,批发了这些货物,开张了今年的第一笔买卖。没想到出了这事，真是太对不起您了。”

金八一把鼻涕一把泪，悔恨交加，向主人说清楚了事情的来龙去脉。犬井毕竟是大户人家的老板，听完金八的话，马上说道："看来金八你并不知情啊。我家伙计打死了你的猫，得向你赔礼道歉。那些钱就算是对猫的赔偿吧。另外再赔偿给你五两钱，做猫的安葬费。"

犬井老板还劝诫金八，告诉他以后不要再参与赌博了。经此一遭，金八如同经历了一场梦，悲喜交加。他领回猫的尸体，将其厚葬在回向院里，修建了猫冢，立了墓碑，供奉的香火和鲜花，四季没有断过。同时，他听从犬井家主人的劝诫，戒掉了赌瘾，赚下了钱，娶了老婆。买卖越做越大，人丁也逐渐兴旺起来。明治维新前，两国米泽町上的金八，俨然成了一个有名望的富商。据说，他后来又换了别的买卖。

阿斑，你就安息吧，你的罪过已经得到了应有的报偿。

家里死了人，为什么要将猫带走？

一旦家里死了人，马上就得将饲养的猫带走，并且还要在死人的棺材上放一把刀。这在日本民间成了一种惯例。

猫与死人之间的关系，在社会上有两种说法：一是认为如果有猫在旁边的话，尸体就会动，死者的灵魂不得安宁；二是担心猫会偷食遗体。对于这两种说法，世人大多是相信的。以下是我听到的与此有关的两个传说。

很早以前，有个人家死了人。临近下葬了，需要做各种各样的准备，家里人都特别忙。而已经入棺的尸体不知怎么突然动了起来，并且从棺材里跳了出来。这一来，家里马上就乱了套。甲说，生病的时候侍候得不周到，死人现在显灵了。乙说，这是死人舍不得离开家，还想在家待一夜。说来说去，大概意思都是死人不愿意被埋葬，就从棺材里跳出来了。丙和丁也都凭想象，说出了自己的看法。最终没有能够在当天下葬，又让棺材在家停了一夜。第二天天亮之后，人们看到棺材里的尸体还在不停地抖动，家人和亲戚们都很担心。就在这时，来了个游方僧人，他听说这个情况后，告诉丧家说，出现这种情况很可能是猫在捣鬼。人们再看时，发现家里养的那只猫正趴在棺材旁边的榻榻米上呢。家人连忙将猫赶出了房间。猫不在了，尸体也停止了抖动。这样，家人才安心地将死者下了葬。

猫要是待在死人身边，尸体就会动。类似这样的民间故事，有着各种各样的版本。原本只是说书人的信口雌黄，并没有什么确凿的依据。但猫会使尸体活动这个说法，却成了大众公认的一个“事实”。

再说说猫会“盗取”遗体。这也是很早很早以前的事情了。有个老和尚去施主家诵经回来，路过一处墓地。他见到一帮人抬着一具棺材走过来，便朝他们作了个揖，说道：“太可惜了，你们肩上抬了具空棺材啊，原来装在里面的尸体被猫偷走了。”听了老和尚的话，众人都不以为然，骂道：“尸体明明是装在棺材里的，你说什么胡话，是想来捣乱吗？你个坏和尚！”可是，老和尚并没有放弃自己的看法，依旧坚持说棺材里没有遗体。

抬棺材的人听老和尚这么不依不饶，猛然想起刚才在前边拐弯时，突然感到肩上的分量轻了许多。于是，他就建议打开棺材看一看。一帮人连忙把棺材停在山坡上，打开了棺材盖。这一看，全都傻了眼。原来，棺材里果真如老和尚所说的那样，没有遗体，只有六文钱币和一些小道具。众人为刚才的无礼一齐向老和尚赔礼道歉，并请教他如何找到遗体。老和尚不计前嫌，答应了众人的请求。只见他嘴里念念有词，诵读了一些咒语经文后，指着棺材说道："你们看吧。"奇怪的是，不知何时，遗体竟然又静静地躺在了棺材里。大伙这才放下心来，并安葬了死者。

这些传说在民间流传甚广，我也听许多朋友说起过。于是，我就去寺院做调查，想问问那些僧人怎样看待这些传说。我找到一位天台宗的老和尚，向他打听此事。老和尚听完我的话，沉吟许久，道："施主说的这两种传说我都听说过，但并未亲眼见过。就说那个遗体从棺材里失踪的事情吧，明治初年，我在东京还听说过呢。

据说，当时棺材经过上野的权现[①]大道时，棺材中的遗体被抢夺，掉落在公园的下坡道上。不过，这件事到底是真是假，就不得而知了。而且，究竟是猫所为，还是其他什么原因，也不得而知。根据古代流传下来的说法，养久了的猫就会成精，神通广大，而且还有吃遗体的嗜好。如果棺材里的遗体不见了，大概就是那些‘成精’的猫干的吧。”

我又进一步向他请教了将猫带离棺材与在棺材上放刀的原因。那老和尚说，将猫带离棺材，目的是不让遗体活动，而将刀放在棺材上，大概是震慑“猫妖”，不让它们靠近吧。但这种做法既不是寺庙的仪式，也不是葬礼必备的规矩，只是民间的一种传说，是一些不成文的习惯做法而已。而且，就实际情况而言，人死后，遗体是不可能活动的。这个做法也不知是从什么时候开始流传下来的。

老和尚还说，不同宗派的安葬仪式或多或少都有些差别，但将猫从现场带走，并在棺材上放置刀具，却是

---

① 权现：佛教语，指佛菩萨为普度众生而显现化身。佛教传入日本后，日本将本国固有诸神视为佛菩萨的垂迹化身，于诸神名号之下附加“权现”之称。

所有宗派都有的仪式。这一点倒很值得关注。至于那些“猫妖”之类的说法，感觉有些玄乎。可能确实有过猫让遗体活动的情况，但即使发生过这样的事情，也不能说明就与妖怪有关啊。难道就不能从科学的原理上，去做一些令人满意的解释吗？当然，在处理这种问题上，僧人们就无能为力了，只有学者才能胜任。

听完老和尚的这番说辞，我明白了，在猫与遗体的关系问题上，寺庙方面既不出面解释这些现象，也无意对这些传说提出质疑，只是抱着听之任之的态度。于是，我又转而去请教科学家。科学家说，猫的皮毛具有很强的导电能力，在某些场合人们会将猫的皮毛用作电的导体。也就是说，世间所谓猫能让遗体活动的传说，与猫敏锐的导电能力相关。当它们皮毛上的电流与遗体相通之后，就会使遗体发生他动式的活动。说到底，就是电流作用的缘故，并非猫有意识要让遗体做什么。过去没有电，人们也不可能知道这些，就武断猜测是猫的恶意行为，是“猫妖”作怪，等等。这就使得猫类一直蒙冤到今天。

以前的人们，由于缺乏电信知识，将电话当成“戏法”来看待。可现在的人还有谁不知道电话是怎么一回事吗？在前人眼里，两个人之间通电话，就是“变戏法”。在葬礼的问题上，僧侣与科学家的看法不同。正如我刚才所介绍的那样，一个代表传说，一个代表科学。那么，我们究竟应该信谁呢？显然还是科学具有更强大的说服力。由此得知，在猫与死人的关系上，猫所扮演的绝非“妖怪”这样的角色。但是，我们弄清这些事情的来龙去脉，并不是说就要将猫放在死人棺材的边上。即便是电流的作用使得遗体总是在活动，也非人之所愿。只是弄清这个道理，还猫一个清白而已。

喵喵……

猫的日常生活

猫是一种对人有深刻记忆的动物。这里指的主要是两类人，一类是很爱它的人，另一类是曾经虐待过它的人。

若搬新家，一百个不情愿

猫是一种比人还爱家的家畜。不过，爱家归爱家，若是不喜欢与人亲近，也就免不了会被那些讨厌猫的人说坏话。在我做过的实验当中，不乏类似的情况。但猫是一种比人还要爱家的动物，这一点无可争议。

我做过一个实验，就是把猫放在一个房间里，然后对它发出怪声，引起猫极大的恐惧情绪，促使它要从这个危险的环境中逃脱。这时，我们可以看到，它并不是跑到主人的膝下来寻求保护，而是在房间里转着圈子，寻找逃跑的路径。虽然，它也知道怪声是我发出的，但它并不向我求助，而是千方百计地要从这个房间里逃走。

这是什么原因呢？或许，在猫的眼里我成了最大的敌人，也可能是认为我在责备它。总之，它不愿意向家人求救，只想自己逃走，摆脱这个使它感到危险的环境。我说的这种情况，是猫将家里人作为假想敌时采取的自

救措施。可是，即使它受到了外来的威胁，也不愿意向家里人求救，而是悄悄地躲在房间的某个角落里。这些情况，想必养猫的人都是熟知的吧。

当你抱着猫出门时，你就能体会到猫对家的依恋之情是多么深厚。要是抱着猫在家里散步，是没有任何问题的。可一旦要出门的话，猫就会流露出很烦躁的情绪。它们不愿意出门，好像只要出了这个家门，就再也回不来了似的。即使它们是在主人的怀里，也还是一副心神不宁的样子。无论主人平时是怎样喜爱它，无论主人的怀里是多么温暖，它都会使劲闹腾。它似乎是担心主人把它带到外面去就是想扔掉它。千万不要以为它们想不到这一层，猫的想象力还是很丰富的。我在这里再举个搬家的例子，来说明它们是怎样留恋家吧。搬家的一切事宜都准备停当了，家具及日常用品也都打成包准备运走了，就连猫吃饭的饭盆都收拾了起来，屋里什么东西都没有了。然而，即使到了这个时候，它们还是不想离开家，不想跟主人一起搬往新的住处。如果硬要抱着它们出门，它们是一百个不情愿。

走在去往新家的路上，它们还是不高兴，很烦躁。到了新家，放下它们，一切收拾停当，在它们的饭盆里放上肉之类的食物。这时，它们才总算安静下来，把新家当成自己的家了。这样的猫应该算是正常的。我还见过特别难办的猫。它们怎么也不能适应新家的生活，自己悄悄溜出去寻找原来的家。至于原来的家是否找得到就不得而知了，但它们从此一去不再回来了。

当我家从原来住的不忍池畔搬到新家之后，我家的彦次郎就悄悄从新家溜了出去，回到原来住的不忍池畔的老房子里待了整整五天。幸运的是，当时老房子里还有人住着，假如是个空房子的话，它岂不就要沦落为流浪猫了？要是说它愚笨吧，也确实够愚笨的。可不愿意离开自己住惯了的家，这也是猫的一个生活习性，是人们无法改变的现实。

可是，现在我家的平太郎可以说是个例外。以前，它曾经被人家偷去过，可它也习惯了住在那家人家，并不想着回自己的家——尽管两栋房子之间只相隔了数十米的距离。一天，我经过那家人家门前时，一眼就认出了它是平太郎。我喊了声“平太郎”，它就跑到我身边来了。可见，它还记得我的声音。那个偷猫的家伙，吓得都没敢吱声。有趣的是，平太郎虽然离开我家三个月，但它还记得在我家生活的细节。回到家时，正好是吃饭的时间，我就把它放在了门口，它居然熟门熟路地跑向自己以前吃饭的地方去吃饭了。再出门的时候，钻进我的怀里就能带出去了，再也不像以前那样闹腾着不肯走了。我家的平太郎——不，应该说是那只跑到邻居家就忘了回来的平太郎，在外面过了三个月，还能够清楚地记得“旧庐”的故事，实在是有趣得很。这件事情，是不是也足以说明猫是一种很恋家的动物呢？

话说回来，猫还是一种对人有深刻记忆的动物。当然，这里指的主要是两类人，一类是很爱它的人，另一类是曾经虐待过它的人。同时，它们对家里人与外人，也能够在细微之处做出分辨。不仅如此，它们还能通过脚步声，辨别出来者是不是家里人。我外出一个月，每次带着鱼回家时，它们都会一起围上来欢迎我。这足以说明它们是记得我这个家里人的。尤其是平太郎在丢失了三个月之后，还能分辨出我的声音。这一点也说明，猫并不是只恋家不亲近家人的动物吧。

应朋友的请求，我曾经将平太郎借给他养了一个月。而就在它出借在朋友家的这段时间，我搬了新家。等到接回平太郎时，这个家对它来说是完全陌生的。当时猫又正处于发情期，领它回来的当天夜里，它就跑了个无踪无影。我想，这回它大概不会再回来了。可是，过了五天它又回来了。由此可知，猫还是一种能够记住家人，并且与家人很亲近的动物。

有人说，猫即使与人很熟悉了，也不会与人亲近。这个说法无疑是错误的。当然，与狗相比的话，它们与人的亲近程度确有深浅。总的说来，猫喜欢在家里待着，但与人不那么亲近。它们恋家的特性，源自祖先的生活习性。猫的祖先原本都是穴居，一旦在外面捕到食物之后，大都要带回洞里来吃。所以，恋家这种生活习性，也就逐渐融入了猫的基因。俗话说，养猫的主人要是死了的话，猫会给主人拨旺地狱里的灶火。我认为，这种猫以人为敌的说法，完全是对猫的一种污蔑。猫只喜欢在家里待着，而不怎么喜欢与家人亲近的说法，并不是对猫生活习性的客观评价。

吃不好的话，容易得病

众所周知，猫是一种食肉动物，不过，它们也喜欢吃谷物。在欧美，猫是被当作贵族伺候的，或者给它们吃牛肉，喝牛肉汤，或者喂食各种高档的滋补品。但是，在我们日本，养猫人家大多是用鲣节鱼干碎[①]拌饭来喂猫。待遇再好一点，就是喂鱼肉、牛奶了。当然，富裕人家养猫也会喂猪肉、牛肉，但这样的情况少之又少。

那么，我们一般人家给猫喂的鱼肉、牛奶一类的食物，对于猫的健康有什么样的影响呢？我的调查结果表明，这些食物对猫来说当然是有益的，但与牛肉、猪肉一样，并没有太大的功效。我读过英国伦敦出版的一本有关养

① 鲣节鱼干碎：又称木鱼、柴鱼片等。日本人将鲣鱼制作成鱼干，再刨成一片一片的，称“鲣节鱼干片”；将这些鲣节鱼干片剪成碎片，则称“鲣节鱼干碎”。日本人常用这种鲣节鱼干片萃取高汤，或者是用刨刀现削鱼干撒在章鱼丸、广岛烧、大阪烧或白饭上，用以佐餐。

猫的书。书上说，鱼肉当中，能维持食肉动物生命与健康的矿物质盐分以及其他一些成分的含量相对较少，因此，猫要是长期食用鱼肉的话，会得贫血症，也可能会引起皮肤病。自古以来，日本民间就流传着这样的说法，认为要是鱼吃得过多的话，身体里可能就会长瘤子。看来，这种说法与我所做的实验结果是相吻合的。并且，这本书上还讲到，给成年的猫喂太多的牛奶也不是件好事。因为如果每天饮用大量的流食，猫的胃袋就会扩张，会逐渐导致营养不良。我觉得这个作者说得很有道理。我参考外国作者的说法，在这里再将自己试验的结果做一个详细的叙述，希望能给养猫的朋友一些有益的借鉴。

有人认为，猫属于食肉动物，完全不需要吃蔬菜。从专家的意见和我试验的结果来看，这种说法是错误的。就经验而言，每周给它们喂食两次新鲜蔬菜比较合适。喂食时，将蔬菜与牛肉或者汤掺和在一起会更好一些。这样做既有助于增强猫胃肠道的消化功能，也有利于它们的排便。鱼肉不要喂生的，可以喂少量的咸肉、咸鱼和鲣节鱼干碎，但若是过量了的话，猫就有可能患上皮肤病。所以，喂食必须注意适量。另外，每周一定要给猫喂两次生肉。如果猫捕捉不到老鼠、飞禽之类的猎物

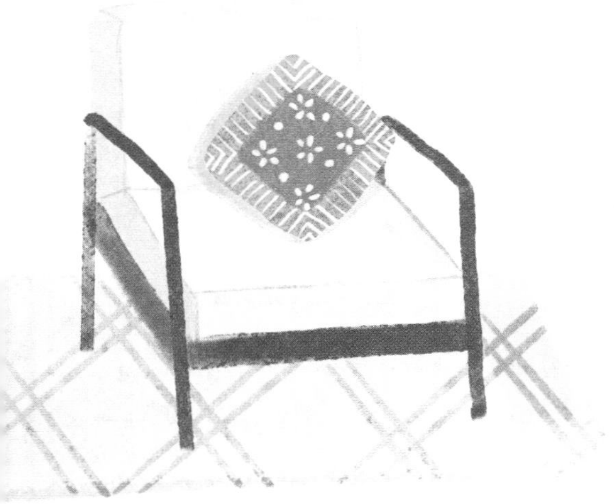

的话，给它们喂食带皮毛的兔肉最好。动物的皮毛和飞禽的羽毛等东西，对于促进猫的肠胃蠕动具有很好的效果，是对猫最有益的食物。也有人将老鼠、飞禽煮熟了喂给猫吃。其实，这种做法是愚蠢的。如果遇到猫患上疾病，或者食欲不振的时候，给它们喂食新鲜的飞禽肉或老鼠肉最好，因为鲜肉具有刺激猫食欲的效能，有助于猫恢复健康。有的人家出于节省养猫费用的考虑，将动物的肺脏、气管等喂给猫吃。可是，这对于帮助猫恢复食欲并没有什么效果。不过，如果将羊肝煮熟了与其他的肉食一起喂它，倒是能够起到增强食欲的功效。

在喂猫的牛奶中加

上适量的糖，具有很好的美毛效果。无论喂猫吃什么，一定要将它们的食器清洗干净。猫是爱干净的动物，如果食器始终是脏兮兮的，这会伤害猫的感情。

以上都是一些日常养猫的常识，诸位可以在养猫的实践中得到验证。

另外，还有一些现象也需要在这里说一说。猫捉到老鼠后，连着皮毛一起吃，那是它们生理上的一种需要；如果让它们吃太多的生鱼，就有可能患上皮肤病；等等。不过，从日本养猫的情况看，直接给猫喂食飞禽的做法是行不通的。我们知道，即使没有尝过飞禽的味道，猫也是喜欢捉飞禽玩的。如果把粘着鸡毛的玩具放在猫的面前，它们会津津有味地啃食那些鸡毛，并且发出很陶醉的声音，好像很难离开似的。这大概是因为玩具上的鸡毛具有一种很能吸引它们的、难以言喻的香味吧。总之，猫就是这样一种具有强烈好奇心的动物。如今养猫，不仅不能直接给它们喂食禽类，还要严格训练，使它们不至于去捕捉雏鸡或其他的家禽，这也是我们养猫人不可忽略的事情。

关于猫崽养育的注意事项，那本书上也写得很周全。母猫在哺乳期，每天给她喂食不得少于六次。猫崽长出牙齿之后，得给它喂少量的肉食。再者，猫崽视力发育比较慢，大多是由于缺乏日光和新鲜空气。所以，哪怕麻烦一些，也要在猫崽能够走路前，将它们放置在有利于发育生长的环境里，室内要保证阳光充足，空气通透。尽管如此，在猫崽能行走之前，如果总是去看猫崽或是太接近它们的话，母猫就会将猫崽悄悄地搬到人们找不到的地方去。所以，在猫崽还没有能够走路时，最好不要总是去惊动它们。让母猫安安静静地哺乳，才是最好的选择。同时，猫也不宜一次喝太多如牛奶之类的流食。前面说过，流食喝得太多会引发胃袋扩张症，还有可能诱发肠道寄生虫疾病。

在养育猫崽的过程中，还有件事必须特别注意，那就是防止跳蚤。跳蚤会严重影响猫崽的睡眠，还会吮吸它们的血液。这样一来，猫崽就特别容易患上贫血症，导致体质极度衰弱。防止跳蚤，最重要的是必须将猫窝打扫干净。如果用药物的话，以斯蒂尔药粉①最好。

要将猫的产室打扫干净，保持充足的光线。当猫崽很小的时候，我们要注意给母猫增加营养。等到猫崽能

① 斯蒂尔药粉：当时的一种有效的消炎杀菌药。

够吃东西了，就得给少量切碎的肉类，以供母猫嚼碎了喂食猫崽。这些都是养猫的实用注意事项，不过举手之劳，是我们人人都能够做到的。若能这样做的话，我想，我们的猫一定能够生活得十分舒坦。

鱼头是特别的美味

猫最喜欢的食物莫过于老鼠。当然，与其说它们喜爱老鼠，倒不如说它们喜爱所有的肉类食物。俗话说，“猫有木天蓼[①]”。植物当中，猫最喜爱的就是木天蓼。据说，木天蓼是生长在深山之中的一种灌木，仲夏时节便会开一种类似梅花的花朵，结榧子[②]般的果实。自古以来，这种植物就被人们视为猫的药物。药店里卖的这种药是粉末状的。有一次，我给家里的四只猫买了这种药。只见它们一拥而上，欢天喜地地吞食起来，唯有名字叫“阿久”的那只母猫没有吃。之后，我在猫的发情期又给过它们一次这种药。看得出来，它们特别喜欢。猫将木天

① 木天蓼：一种植物，具有挥发性的木天蓼内酯成分，猫食之会短暂（大约5—10分钟）麻痹大脑、引起睡意、钝化反应，出现恍神、打滚、流口水、来回狂奔、打架、打呼噜、蠕动等行为。

② 榧子：一种中药，具有杀虫消积、润肺止咳、润燥通便的功效。

蓼的粉末蹭在身上，似乎感受到了一种无法形容的快乐。像我这种不懂医学知识的人，虽然没有什么理论依据，但总觉得木天蓼就是一种催情药物，至少也应该是一种兴奋剂吧。

说着说着就跑题了。在这里，我想说的并不是猫最喜欢的食物，而是它们在吃了某种食物之后的行为表现。在这方面，我曾经目睹过一种有趣的现象。要是给猫投喂它们喜爱的肉类食物，它们就会争先恐后地去抢着吃。并且，给它们切成片的肉食，与给整条鱼或畜类时，它们的高兴劲其实是大不一样的。再怎么美味的食物，一旦切成了薄片，喂给它们时，一口就吞下去了。可要是给它们投喂沙丁鱼干，或其他整条的鱼，它们就会露出十分高兴的表情，暂时不吃，先凝视一会儿，接着玩耍一会儿，再从头开始吃起。到底是因为鱼头特别美味呢，还是因为先吃了头鱼就彻底失去了生命呢？猫到底是怎么想的，我不得而知。但可以肯定的是，只要喂食整条的鱼类，它们必定是从头开始吃起的。不过，如果是喂整条的沙丁鱼的话，由于头上没有肉，它们也会把鱼头留下，不去动。应该不只我家的猫是这样，想必其他人家的猫也是这样的吧。

猫自己捕捉到的食物，必定会弄回家里。这也可以说是猫的天性。捕捉到老鼠就不用说了，捉到蜻蜓、青蛙等，它们也是要弄回家里来的；即使是偷了别人家的鱼肉，也都是要弄回家里来的。以我之见，它们之所以这样做，大概不仅仅是出于功利的目的——希望得到家人们的夸奖，也与它们祖先遗传下来的习惯有关。古时候猫的祖先住在洞穴里，一旦在外面猎取了食物，必然要弄回洞里慢慢享用。假如不是这个原因的话，那它们怎么连偷盗的食物也要弄回家里来呢？从道理上讲，岂不是有些说不通？

它们知道偷盗行为是不对的，原本应该悄悄地进行，悄悄地吃掉才是啊。所以说，它们将偷盗的食物也弄回家，完全不是出于功利心，不是为了得到主人的夸奖，只能理解为它们祖先穴居生活习性的遗传。

睡觉被打扰，后果很严重

猫是一种特别嗜睡的动物。尤其是那些食欲能够得到满足的猫，一天到晚大部分时间就都用在了睡觉上。猫一天能睡多长时间？还真很难说得准确。从我家猫的情况来看，每天至少也得睡上 10 个小时吧，多的时候甚至能睡 15 个小时。尤其是幼猫，它们熟睡的时间很长，而成年猫的睡眠就比较浅，不是熟睡，是那种常常惊醒的浅睡。

这引起了我对猫睡眠的好奇心，我对此做了进一步的实验。在平太郎睡觉时，我就隔着一段距离低声说话，只见它竖起耳朵在听。再近些说话，它就睁开了眼睛。为了了解猫睡觉时的嗅觉，我手里拿着鱼，蹲在距离它三米的地方，它没有任何反应。我再往前靠近，到了两米的地方，它还是没反应。等到距离它一米时，看到它

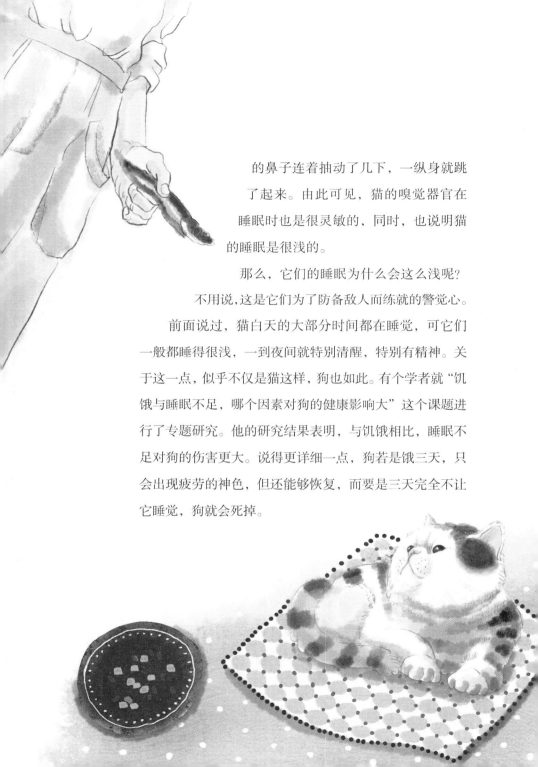

的鼻子连着抽动了几下，一纵身就跳了起来。由此可见，猫的嗅觉器官在睡眠时也是很灵敏的，同时，也说明猫的睡眠是很浅的。

那么，它们的睡眠为什么会这么浅呢？不用说,这是它们为了防备敌人而练就的警觉心。

前面说过，猫白天的大部分时间都在睡觉，可它们一般都睡得很浅，一到夜间就特别清醒，特别有精神。关于这一点，似乎不仅是猫这样，狗也如此。有个学者就“饥饿与睡眠不足，哪个因素对狗的健康影响大”这个课题进行了专题研究。他的研究结果表明，与饥饿相比，睡眠不足对狗的伤害更大。说得更详细一点，狗若是饿三天，只会出现疲劳的神色，但还能够恢复，而要是三天完全不让它睡觉，狗就会死掉。

我没有对猫做过这种耐饥饿与耐睡眠的实验。是与狗一样呢，还是与狗不同呢，不敢妄下结论。但仅从它们睡眠容易惊醒，以及睡眠断断续续的情况来看，我想，猫与狗也不会有太大差别。不管怎么说，猫的睡眠几乎与食物一样必需。如果没有睡眠的话，它们是无法生存的。我们人类对睡眠的需求不也是不可或缺的吗？人类若是一夜不睡，心情就会变坏。完全能够想象，如果猫睡不好，或许会陷入无法恢复的状态吧。我的这种想象是有事实作为依据的，并非空口无凭。

自古以来，民间就流传着这样一种说法，说猫讨厌小孩。这一点，无论是从有小孩的家庭养不好猫，还是从我的实验中都能够得到证明。孩子们年幼无知，在猫赖以活命的睡觉过程中，总是去惹它们，把它们弄醒。因为猫睡觉时更容易被捉住，所以，孩子们就总在这种时候去抱猫。试想，这个时候的猫心里该是多么恼火！我们平时午睡时，如果被人打扰，不是也很恼火与不快吗？猫在必须睡觉的时候，总是被孩子们打扰，想必那种恼火一定不亚于我们午睡遭到打扰吧。猫之所以讨厌小孩，大概就是因为他们总是打扰自己比食物更加重要的睡眠，使得它们慢慢变得瘦弱。有孩子的家庭养不成猫，根本原因就在这里。要是注意观察的话，在孩子众多的家庭中，养的猫差不多都很瘦弱，难得见到养得胖乎乎的。猫越是被孩子们喜爱就越瘦，最后的结果就是瘦到皮包骨头。

尽管如此，猫也不讨厌小孩子，反而喜欢跟孩子们玩耍。尤其是那些处于发育期的小猫，更喜欢跟孩子们玩。要是看到那样的场景，我可以说，绝对不会有人认为猫是讨厌孩子的。那么，小孩子多的家庭为什么养不成猫呢？那是因为小孩子们太喜欢猫了，总想着跟猫玩，从而占用了猫必需的睡眠时间。您瞧，那些没有孩子的家庭所养的猫，不是长得很可爱吗？而那些即使有小孩但不总是摆弄猫的家里养的猫不也都长得很健康吗？说到底，妨碍猫睡眠的孩子们，是猫发育成长最大的障碍。其实，家里即便有多少个小孩都没关系，只要孩子们不去打扰猫睡觉，猫就一定能够跟孩子们一起健康快乐地成长。

关于孩子与猫的睡眠的关系，大致就是我以上所说的这些吧。但我的意思并不是说，只要不妨碍猫的睡眠，家里有多少孩子都不会给猫带来不良影响。小孩子特别喜欢把猫抱在怀里，但这样的搂抱，从猫的生理上讲是有害的。不错，猫喜欢跟孩子们玩，但其实它们是很讨厌被孩子们抱的。如果是大人抱的话，一般不会给猫带来什么痛苦，可孩子们未必是这样。孩子们抱猫，一般都是勒住它们的腹部。这对于猫来说，可以说是最恶劣的抱法了，很容易引起腹泻，导致它们瘦弱不堪。所以说，在有孩子的家庭中，猫不仅会被孩子们搅眠，还会因被孩子们勒住腹部引起生理上的痛苦，最终导致瘦弱衰竭。自古以来，人们就说："狗将孩子当朋友，猫将孩子当仇敌。"想必这句话不是没有来由的。因此，在有孩子的家庭中，若是想养好猫，首先要禁止孩子抱猫。再就是当猫睡觉时，一定不要去打扰它们。

“卫生专家”的美誉

那些不喜欢猫的人，总说猫是一种肮脏的动物。说它们什么都喜欢舔，总是脚上带着泥巴进房间……如此说来，猫还真不是干净的家畜。虽然他们说的未必不是事实，但那是个别猫的所为，我们不应当以偏概全。即使个别猫有这样的缺点，也不能否定猫实际上是一种很爱干净的动物，或者说，它们在自我修养方面比起有些人来要高得多。让我们来看看猫睡觉的地方吧。春秋之际，它们必定是睡在日照充足的地方。夏天，大多睡在厨房的水池旁边，或者通风凉快的地方。而到了冬天，则喜欢睡在暖和的地方，比如炉子边上，或是人的膝盖上。房间里如果有坐垫的话，它们一定会趴在上面。要是见到漂亮的布片或纸张，它们也会马上趴到上面。从猫的生活习性来看，它们可能会脚上带着泥巴跑到榻榻米上，但它们是不会允许污垢留在脚趾上的，必定会不停地舔啊舔，直至完全舔干净。

我们知道,猫平时总是把自己的皮毛舔得干干净净，也特别喜欢用爪子洗脸；至于上厕所，猫可以称得上是典型的“卫生专家”了。如果将它们当作国民来看的话，那也必须算在“优等国民”的行列里吧。它们无论如何也不会在有粪便臭味的地方排泄，而是会选择没有一点异味的地方，先扒拉一个坑，排泄完之后，不管是大便还是小便，都一定要用泥土掩盖起来，直到一点臭味都闻不到才作罢。只是，对于动物来说，在雨天，就很难顾及地上的烂泥会不会弄脏自己的脚了。不过，我认为，在这件事情上，正由于它们是畜生，所以有充分的理由得到人们的谅解。

可能是出于求生本能，猫似乎是懂得一些医术的动物。例如，一旦吃下了某种有毒的东西，它们必定会跑到野外吞食数种青草或者树叶，把胃里有毒的东西彻底吐出来。而且，吐完以后，猫会袒露着肚皮，睡在廊檐下的泥地上。它们这样做，也许是一种下意识的举动，目的是使肚子凉下来，以便尽快地消除那些毒物对身体造成的伤害。猫的这种做法，我们既可以认为是一种自我治疗疾病的本能，又可以理解为是它们在卫生方面养成的一种良好习惯。

猫一旦身体的某个部位长了肿物，就会不停地用舌头舔舐。这样做，大概是它们知道唾液具有某种杀菌功效的缘故吧。我想，它们虽然是低等动物，但身体上长了肿物也一定很难受，就下意识地用舌头舔舐。舔着舔着，随着唾液中杀菌功效的发挥，慢慢地就治愈了……这也可以称之为一种最低级的“医术”吧。

对于我的这种说法，有人持截然相反的意见。在他们看来，猫的身上如果长了肿物或是被划伤了，越舔就越会生脓。不过，当猫得了某种病，它遵循本能，跑到野地里吞食青草树叶，往往就能治好自己的病。从这一点上来看，可以说它们是懂得一点医术常识的。野生的畜类——不管是鸟类还是兽类，想必都是有这个本能的。假如是生活在到处都是青草的田野上，当然就不必特意弄青草回家了；如果是生活在城里，我觉得有必要给它们提供一些青草。也就是说，一旦发现猫有了痛苦的表情，就应该采集几种野草放在它们的面前。当然，猫只吃自己认定的植物，它们是靠那些东西来给自己治病的。

不过，凡是青草不分种类都拿来给它的话，那也是徒劳无益的。养猫的人平常应该注意观察猫喜欢吃的青草，当它们需要的时候，就多采集几种回来，由它们选择。这样才能有助于它们的疾病治疗。而且，根据我以往的经验，凡是禾本科植物，猫大多是喜欢的。所以，如有需要的时候，就去附近猫常去的地方，割几种草给它就可以了。它会发挥本能，自我治愈简单疾病的。

猫是一种最讲卫生的动物，又能自我治愈简单的疾病。为此，我们有理由认为它们是懂简单医术的一种动物。当然，这里所说的并非严格意义上的“医术”，所以，您不必太较真。

生了病赶紧看医生

不错，猫很讲究卫生，还能利用自身的本能治愈轻微的疾病。然而，自然界有许多利用猫来繁衍的微生物，它们会给作为宿主的猫带来各种各样的疾病；恶劣的气候或生理上的某些障碍，会导致猫经常生病；饲养者的一些错误做法，以及猫自身不慎引起的伤痛与病灾也不在少数……如此种种，就像我们人类一样，猫可能患上的疾病也名目繁多。

我们这些养猫的人，对于猫的疾病可以说知之甚少。根据兽医的说法，猫患病的种类是很多的。我读过欧美一些相关书籍，概括起来讲，猫的疾病主要有以下一些种类：感冒、结核病、胃病、肝病、肠道寄生虫、腹泻、

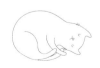

贫血、眼病、疥癣、湿疹、头癣[①]、耳漏[②]等。中毒也是一种常见的疾病。此外，还不乏令人恐惧的传染病和疑难杂症，无论是服药还是治疗，都很难办。即使是医术精湛的医生，也有束手无策的时候。

我养的那只名叫久子的猫，不幸患上了顽固性湿疹病，请了一位名叫入江涛吉的医生治疗。他先是问了猫的名字，然后，边亲切地唤着猫的名字，边给它诊治。即便如此，久子也完全不像平日那般温顺，显得非常不耐烦。皮肤病都很难办，更不用说疑难杂症了。那些需要做手术以及服药的病，一概都不轻松。鉴于这些情况，在养猫的过程中，平时必须十分注意，尽量不要让猫患病。我深深地感到，与其让它们得病后治疗，既增加猫的痛苦，又给人带来麻烦，上策还是防患于未然。要想让猫不生病，做法上其实跟对人也差不多，无非就是要有适当的阳光、新鲜的空气、良好的饮食和洁净的居室。具备了这四个条件，就可以避免许多疾病的发生。要是猫生活在乡村，

---

① 头癣：一种慢性浅表真菌病，多发生在生活在热带和亚热带地区的猫身上。

② 耳漏：指猫从外耳道流出一些非脓性液体的疾病。流出液体的性质、气味及颜色，往往为某些疾病的特殊表现。

第一、第二、第四这三个条件很容易得到满足，剩下的第三条——良好的饮食，若是也能够给予足够的关注的话，就不会有什么问题了。

那么，在都市里养猫该怎么做呢？我认为，首先不要过于束缚它们的活动自由，饮食方面也要尽量适应它们的生活习性。问题在于那些特别金贵的猫类，它们是生活在专用“猫房”里的，空气、阳光等方面必须特别小心在意才好。下面，我就前面提到的猫的主要疾病，说一下应该注意的要点。毫无疑问，如果猫患上了疾病，必须马上请兽医诊治，而不应该误听外行人的说法，胡乱服用药物。那样弄得不好会危及生命。在这里，我也不谈具体的治疗方法，那应该由猫的研究专家或者专业书籍去记述。我们这些将猫作为宠物来养的人，若想了解大致的情况，读一读伦敦版的《猫》这本书就足够了。在这里，我也只是归纳了这本书的内容，转述给您而已。

第一，感冒。猫患上感冒，就像人得了感冒一样，得将其安置在温暖的室内和安静的环境中。绝不能让它们吹强风，或是将其置于寒冷的环境中。同时，要尽量给它们食用营养成分丰富的肉类。感冒严重时，可以让它们服用少量“机那盐丸”[1]，五个小时服一次。治疗感冒时，也得注意猫的愈后情况，弄得不好就会产生后遗症。其实，这与人类患感冒并进行治疗是一样的。

第二，肺结核。猫一旦患上肺结核，就会持续腹泻，身体日益消瘦，情绪特别消沉，一点活力也看不到。同时，体温也不稳定，会忽升忽降，并且不时伴有咳嗽。到了这种地步，说明病猫已经很危险了，必须立刻请医生诊治。猫的主人要注意的是，让它们多晒太阳，保持它们居室的安静，多给它们吃一些诸如牛肉之类营养丰富的食物。药物方面，每天给它们用一滴乌头[2]与蓖麻子油的混合物，喝水时一同服用效果会更好。总之，这是一种重症疾病，必须请兽医诊治，不能采用道听途说的方法，以免耽误了治疗。

第三，胃病。猫不管吃什么都吐，胃里无论是食物还是液体，一点东西都容纳不下。吐到最后，胃里的东西都吐完了，还是干呕。一旦出现这种情况，肯定是胃

① “机那盐丸”：即硫酸奎宁丸，是用于治疗重症疟疾的一种药物。

② 乌头：一种毛茛科植物，母根叫乌头，治风痹、风湿神经痛；侧根（子根）入药，叫附子，有回阳、逐冷、祛风湿的作用。有毒，须在兽医指导下使用。

病无疑。要是发现猫患了胃病，可以在牛奶里加入少量的碳酸氢钠让它们饮用。在食物方面，可以给它们吃些蛋白。猫的胃要是不好的话，光喂牛奶是起不到多大作用的。如果病情比较严重，也得尽快请医生诊治，给它们注射药物或采取其他对症的治疗措施。

第四，肝病。猫在患上肝病的初期，一般会呕吐略带黄色的胃液，慢慢地就会呕吐暗绿色的胃液，而且会显得特别衰弱。家养的猫要是出现了这种症状，必须马上送医诊断治疗。回到家后还必须实施全面周到的看护。

第五，肠道寄生虫及绦虫。猫很容易患上肠道寄生虫疾病。肠道寄生虫比较小，与小蚯蚓差不多大。之所以会得这种病，一般都是因为吃了不洁的食物，尤其是吃了那些腐烂的鱼肉。发现猫得病后，饲养者必须马上采取相应措施。在药物治疗方面，应该遵照医嘱，喂它们一些杀灭肠道寄生虫的药丸，也可以给它们喂食少量的蓖麻子油，大概两三天就能见效。如果是绦虫，其症状和危害则更加严重，除了请兽医诊治之外，别无他法。

第六，腹泻。猫腹泻要是置之不管的话，往往病情会加重，变成痢疾。所以，一旦发现这种情况，应该马上给它们喂食一些蓖麻子油。如果症状比较重，就得及时请兽医诊治。同时，要尽量给它们吃营养丰富的食物，以防体质变衰弱。

第七，贫血。由于生活状况不好，或患有腹泻、胃病等而体质衰弱，或患有肠道寄生虫疾病导致养分被寄生虫吸收等，猫往往容易出现贫血症状。治疗贫血症，首先要找出病源，消除病源，改善它们的体质。要是病情严重的话，必须请医生诊治。根据医生的诊断，按照处方使用药物。

第八，眼病。眼病的种类也很多。一旦猫患上眼病，就只有请医生诊治了。如果症状轻微，用清水洗洗，或者用硼酸水也行。但眼病中也有许多重症，也有消化不良引起的。因此，必须请医生查明病因，采取全身疗法，不能头疼医头，脚疼医脚。

第九，疥癣。猫要是感染了疥癣，随着病情的发展，就会慢慢地掉毛，而且还会散发出恶臭。这是一种容易传染给人类的疾病，所以，全家人都必须十分注意。治疗这种疾病，必须将猫身上的毛全部剪掉，并在患处涂敷硼酸软膏。饮食上要多加营养品，防止它们体质变衰弱，增强对抗疾患的能力。

第十，湿疹。猫的湿疹是会相互传染的，而且治疗起来也特别困难。不管是疥癣还是湿疹，要是蔓延到了大半个身体的话，就不是短时期内能治好的了。尤其是对于长毛猫来说，能否治愈就更难说了。就治疗的方法而言，用菜籽油、石蜡及硫黄粉调和而成的药膏涂敷，效果比较好。这样的做法与患疥癣涂硼酸软膏是一样的道理。要尽量给病猫吃新鲜且营养丰富的食物，并且不管是疥癣还是湿疹，都得尽快找医生诊治。若是长时间放任不管，或是听那些无厘头的话，用一些没有科学根据的方法治疗，最终会导致病猫的死亡。

第十一，头癣。头癣也是猫的一种疑难杂症，很难治愈。治疗这种病时，要用刷子蘸着强碘药物，涂敷在猫的患处。每天得涂敷两三次，治疗方能见效。这种病也应该及时送医诊治，以免耽误最佳治疗时机。同时，也应该像对待患有湿疹、疥癣疾病的猫那样，多喂食病猫营养丰富的食物。

第十二，耳漏。一般用硼酸粉，每周两次，敷进病猫的耳朵里。这样耳漏就可能被治愈。治疗耳漏这种疾病，也可以用药膏。但是，用药膏涂敷的话，会弄脏猫的耳朵，让猫不舒服。所以，还是不建议使用药膏。

除了我以上介绍的这些之外，猫的疾病还有许多，疑难杂症也不在少数。即使是普通的毛病，也需要及时请兽医诊治，更不要说那些疑难杂症了。因此，即便我在这里写得再多，大概也不会对读者有多少帮助。我想强调的是，平时一定要加强对疾病的预防。一旦猫患病，就要给予适当的治疗，必须在病情加重之前送医诊治。尤其是当猫患上传染病，而家里又有好几只猫的时候，就更要及时送医治疗，免得传染给其他猫，造成更大的危害。根据以往的经验，我们人类在得知自己患了感冒之后，如果采用的方法不适当，也会造成危险，就更不用说那些我们不知底细的猫的毛病了。发现猫生病了，就要赶紧请医生看。

洁净安静的居室环境、通畅的空气与和暖的阳光，加上新鲜的肉类及蔬菜，可以说，平时要是具备了这些条件，猫就很少会生病。这也是我们这些养猫的人时刻都要放在心上的事情。

猫妈妈要生了

猫满一岁就性成熟了，就会发情交配，产下幼猫。年轻时，有时一胎能生产四五只幼猫，不过，有时也会出现流产或死胎等情况。其实，真正能够顺利出生的幼猫并不多。下面，我们就来统计一下，一对猫夫妇五年内产崽的情况。让我们按照这样的假设来计算：一对猫夫妇一年生产两次，每胎产崽三只，其中公猫一只，母猫两只。

现在假设有一公一母两只去年春天出生的猫。到了今年春天，它们生产了一窝幼猫，共计三只，其中两只母猫，一只公猫。这样一来，两代猫合计就是五只，其中公猫两只，母猫三只。秋天，那只母猫又下了一窝幼猫，其中公猫一只，母猫两只。当年合计，家里就一共有了八只猫。按照这样的生产速度，要是到了来年春天，今年春天出生的两只母猫，每只再生三只幼猫，而它们的母亲还会继续生产……这样一来，数年之后，就会繁衍出数量庞大的一群猫。具体数字见下表。

年次	母猫（只）	公猫（只）	合计（只）
去年冬天	1	1	种猫一对
当年春天	3	2	5
当年秋天	5	3	8
第二年春天	11	6	17
第二年秋天	21	11	32
第三年春天	43	22	65
第三年秋天	85	43	128
第四年春天	171	86	257
第四年秋天	341	171	522
第五年春天	683	342	1025
第五年秋天	1365	683	2048
合计	1365	683	2048

上表中猫的数字，是按照一对猫每年生产两次，每次生产三只计算的。这样，仅仅用了五年时间，就变成了 2048 只，真可谓子孙绵长啊。这仅仅是一对猫在五年里的繁殖数量。不妨试想一下，全国总该有几百万只猫吧，

如果都是这样的生产速度，我国岂不是变成了猫的世界？我们人类岂不就成了猫类驱使的工具？可直至今日，并没有出现这样的情况，并且今后也不会有这样的忧虑。这就不能不说是大自然的精妙所在了。

下面，我就来说说有关猫的妊娠和幼猫这个话题吧。前面说过，猫满一岁之后就性成熟了，就会发情交配，妊娠产崽。猫的妊娠期是九周，六十三天，也就是说，胎儿在猫妈妈的腹中待到第六十三天出生。当然，也有六十一二天就出生的，也有六十三四天才出生的。生产时间早两三天或者晚两三天都属于正常范围，不会有什么大碍。不过，如果过了预产期两三天还没有生产，就该注意了。若是出现异常情况，必须及时请兽医诊治。要是母猫突然间焦躁不安，四处乱跑，大声叫唤，很可能就是难产引起的“歇斯底里症”。假如它折腾了一段时间还不能生产的话，就必须请兽医帮忙助产了。母猫在临产时，会心神不定地为自己寻找分娩场所，如果察觉到了它的异样，就应该给它选定一个合适的地方，免得它到处奔忙。

以前，我家也曾发生过养的猫钻到我的被子里分娩的事情。另外，如果家里有许多孩子，猫担心被孩子们不停地逗弄而不得安心，也有可能会悄悄地迁移到别的地方去生产。总之，猫妈妈出于能够安心生产、保护后代的目的，会操许多心。所以，我们一定要尽量给它们提供便利，比如为它们找空气流通、阳光充足的场所，并在那里放置一只小箱子或是猫笼子，使得它们能够安安静静地完成繁衍后代的使命。在这个过程中，不能总是不停地去探望母猫分娩的情况。它们要是发现总有人打扰的话，很有可能就叼着幼猫跑了。在此期间，要给母猫富有营养的食物，保证它们有足够的乳汁供应幼猫的生长。要是营养跟不上的话，母猫体质变弱，就会使幼猫发育不良。

下面说说关于饲养幼猫需要注意的事项。我将在下一章重点叙述。尽管猫妈妈会尽力照顾好自己的孩子，但我们作为养猫的人，也必须多加注意。要是猫妈妈的产房空气不流通，或者阳光不足，在白天看上去也是灰蒙蒙的感觉，那不仅会影响幼猫的健康发育，还容易导致眼病、皮肤病等疾病。所以说，产房位置的选择至关重要。等到幼猫长牙后，猫妈妈就会将食物嚼碎了喂给它们。这个阶段，要给幼猫一些切碎了的肉食，以便增加它们的营养。再者，要趁着猫妈妈不在幼猫身边的时候，常去它们的居所看看，随时打扫，不能有一点污秽的东西留下。

加强猫妈妈产后的食物卫生管理，就能促进幼猫的生长发育。大约五十天，猫妈妈就会带着幼猫出现在人们面前了。在此期间，一定要多关注幼猫的情况。幼猫从来没有见过人，初次来到人面前时，感觉很陌生，不免有些惊恐。所以，在喂它们的时候，一定要将肉类食物切得很碎，方便它们食用。这样做，一方面可使得猫妈妈放心，同时也向幼猫表明，人并不是什么可怕的东西。这时的幼猫已经到了调皮的阶段，特别可爱。它们一会儿做出奇怪的表情，一会儿摆出奇异的姿势，一会儿爬上，一会儿落下……那种惹人喜爱的憨态，实在是语言所无法形容的。幼猫的调皮嬉闹，完全称得上是一个令人开怀的乐园。

喵喵……

猫的智商与情商

猫能清楚地记得卖鱼的和卖肉的人。他们拿着鱼或肉来家里的时候自不必说，即便空着手来，只要听到他们的声音了，猫马上就会跑出来。

戴上红项圈就开心

我来说说猫喜欢什么样的色彩。猫所喜爱的色彩好像是特别鲜艳的那种。不过，这样的结论是否准确，还有待于商榷。因为我的几次实验结果都是一致的，所以就暂且以这个结论作为一个假定的前提吧。我是用家里的三只猫——平太郎、彦次郎和久子做的实验。先是由我来做这个实验。我在地上分别放了红、白、蓝三种不同颜色的线绳，并轻轻拽动这些线绳，结果是三只猫都扑向了红颜色的线绳。我又重复了一次以上做法，结果它们还是都咬住红色的不放。第三次的实验结果也一样。它们不仅始终选择红色，而且从神情上看，也特别喜欢红色。后来，我的家人也按照我的方法做了这个实验。他们告诉我，三次实验，三只猫每次都选择红色线绳，它们根本就没有搭理过蓝色和白色的线绳。

这是用三种不同颜色的线绳对三只猫做的实验。结果证明它们喜爱的都是红色线绳。接着，我们又给它们的脖子分别戴上红色、蓝色和白色的丝带。结果，戴红色丝带时，三只猫都很开心，它们欢蹦乱跳，喜形于色；而戴上蓝色和白色丝带时，就完全看不到那种亢奋的情绪。这个实验也是我与家人分别做的，并且，两次实验的结果一致。

第三次实验时，给猫做了围嘴，也是红、蓝、白三种颜色的。当分别将这三种颜色的围嘴挂在它们脖子上时，还是与前

面的情况一样，它们最喜欢红色。当然，这个结果也经过了我家人的验证。由此可见，猫喜欢红色，这一点完全真实可信。

尽管如此,也并非所有猫对色彩的感觉都那么敏感。并且，不同年龄的猫，对色彩的感觉也不一样。就扑向红色物件的速度来看，小猫的速度最快，而上了岁数的猫就要迟缓得多。也有些猫既对蓝色、白色不感兴趣，也对红色不感兴趣。所以，不能说所有的猫都喜欢红色。而且我做的实验只涉及自己家里的猫，缺乏广泛性。只能说，在我所做的实验范围内，猫最喜欢的是红色吧。

猫，尤其是幼猫，喜欢红色，但它们更喜欢的是项圈、围嘴这类物件。而且，幼猫戴上红色项圈或红色围嘴显得特别可爱。大家知道，白色、淡蓝色的项圈和围嘴戴在淘气的幼猫身上很容易被弄脏，所以，不管是从幼猫喜爱的角度出发，还是从饲养者观赏的角度来看，都是红色更好。当然,那些下过四五次猫崽的公猫和母猫，既不会戴项圈，也不会戴围嘴了。这类东西只是给幼猫戴的，是为了让它们看起来更可爱。如此说来，较之其他颜色，装饰物还是红色最好。猫既喜欢戴，我们人类也喜欢看，岂不是一举两得？

我们暂且不去说那些秉着实用目的去养猫的人是怎么考虑这个问题的，我相信，真正因为爱猫而养猫的人，一定能够体会得到其中的乐趣。即便是实用主义至上的养猫人，在猫美丽的毛色上戴上一段红色线绳，也不会觉得难看吧。再者，我和家人的实验证明，猫也是喜欢佩戴红色饰物的。

如前所述，给猫戴上红色的项圈或围嘴，既是猫喜欢的，也能愉悦人们的心情，岂不是一举两得的好事？也有的猫佩戴的项圈或围嘴是白色或淡蓝色的，而且还配上了小铃铛。这些猫大多是纯色黑猫。它们待在暗处时，就让人们无法分辨了，因而很容易被人踩着尾巴或者爪子。给它们戴上漂亮的项圈，再挂上小铃铛的话，就能随时知道它们所处的位置，也就避免了它们被人误伤的危险。猫的眼睛在暗处是会发光的，在白天看不出来，只有到了夜里才能看到。那种蓝莹莹的幽光，甚至令人胆寒。

大概我们每个人都有这样的体验，就是踩着猫的尾巴或爪子的时候，它们会发出哀鸣声。所以，给黑猫戴上白色或者淡蓝色的项圈，并且系上小铃铛，这与猫喜欢什么颜色没有关系，只是出于保护它们生命安全的考虑而已。不过，系上这个铃铛之后，猫就与捉老鼠的使命相悖了。系着铃铛的猫，每走一步都会叮当作响，这不就等于告诉老鼠自己所处的位置吗？估计即使反应再迟钝的老鼠，也不可能被系着铃铛的猫捉住吧。所以说，要是想让猫捉老鼠，就只能在它们的脖子上戴上项圈，而绝不能再给它们系上铃铛。这种既戴项圈又系铃铛的打扮，用在那些还没成年的幼猫身上才是适合的。

是势利眼吗?

我们说，大凡高等动物，都有喜怒哀乐的情绪，并且都会以某种形式表达出来。就我们人类而言，悲哀时会哭，愤怒时会激动，欣喜时会嬉笑，而欢乐时则会做出一些微妙的表情和动作。猫也是动物，当然也有喜怒哀乐等各种情绪。不过，猫与人类的不同之处是，人类有时会将自己喜怒哀乐的情绪深深地埋藏在心底而不露声色，猫却不然，它们没有任何自制力，所有的喜怒哀乐都会赤裸裸地表现出来，从来不会把这些情绪藏在心里。当然，猫表达自己情绪的表情比起人来要单纯得多。有时，你甚至都看不出它们的表情到底表达的是欣喜与欢乐，还是愤怒与悲哀。如前所述，人类是以哭泣或者欢笑来表达自己的情绪的，而猫既不会哭也不会笑，我们必须通过它们的表情，加上其动作以及呜咽的声音，

才能判别出它们究竟是在表达哪一种情绪。要想讲明白这件事，确实很难很难。

猫表达快乐的方式一般有两种。第一种是在它们捕捉到老鼠后，通过戏弄老鼠来表达快乐。它们捕捉到老鼠之后，会将吓得半死的老鼠扔来扔去，嗅来嗅去。它们还会让老鼠爬起身来，待老鼠踉踉跄跄往前走时，又猛地把老鼠扑倒在地，戏弄玩耍一番。每当看到这样的场景，人们都会觉得猫是一种很残酷的动物。关于这一点，我也找不出任何言辞替猫辩解。可是，有没有什么动物用活鲤鱼做食材，直接下油锅做成风味菜肴呢？如果有的话，他们岂不是比猫更残酷？第二种是它们趴在人的膝盖上，受到宠爱时来表达快乐。这时的猫，也许是出于兴奋的原因，嗓子里会不停地发出“咕噜咕噜”的声响。平时与猫亲近的人，只要将它们抱到自己的膝盖上，并且用手掌抚摸它们的身体时，马上就能够体验到猫的这种状态。

猫在感觉到恐怖时，一般都会垂下尾巴，贴紧耳朵，弓着腿……要说它们此时的动作，还真是难以用语言形容。而猫愤怒时，则会露出可怖的样子，露出牙齿，嘴里发出“啊呜啊呜”的叫声。猫也只有在这个时候，才会毫无保留地展现出它们猛兽的本性。它们在遇到自己讨厌的东西时，也会发出一种恶狠狠的声音。比如如果有人使劲揪它们的尾巴的话，它们马上就会露出狰狞的面目。猫与猫第一次见面，或是久别重逢时，必定要把脸贴在一起，默默地嗅一会儿对方，接着一方呻吟着追赶对方，而另一方则迎合对方嬉闹。它们通过嗅对方的气味，能确认对方到底是重逢者还是初见者，或者究竟是自己的朋友还是自己的敌人。

猫的悲伤，在母子之间是最常见的。猫妈妈失去了幼猫时会哭泣，会在家里来回地寻找，一刻也不能安心。而幼猫在被迫离开猫妈妈时，也会不停地哭泣，让人心里很难受。虽然我们从幼猫的哭声中听不出什么特别的东西，却能感受到猫妈妈的啼哭声和它呼唤幼猫声里的悲切情绪。这实在令人同情，人心里也难免生出一种凄惨的感觉。

不仅仅是幼猫会感到寂寞，成年猫也会。比如当它们的伙伴离开时，它们就会以一种悲切的声调呼唤；要是能够再相会的话，它们会很开心，马上就会跑过去，舔舐对方身上的毛，以示欢迎与喜爱。家人都外出了，家里只剩猫独自在家时，它们也会感到寂寞，会发出一种悲鸣之声。

猫在想要某件东西时，发出的求助声会是很柔和、很缠绵的。如果它们得到了自己想要的东西，也会高兴地“哼哼”几声，表示对主人的感谢。要是主人给的东西是它们讨厌的，或者不是它们想要的，即使放在它们的面前，它们也会装作没看见一样。也许人们说猫是一种势利眼的动物就是这个原因吧。

猫在即将生产时，会跑到主人的身边，用脑袋蹭主人的腿，一副很缠人的样子。这也许就是在告诉主人自己的痛苦吧。此时，要是得到人的爱抚，它们马上会流露出高兴的神色。

总之，猫的表情涉及喜怒哀乐各个方面，但由于没有眼泪和笑容，就显得比较简单，比较直观。

不知大小，不识数目

虽然猫的智慧不高，理性也不强，但如果用心去观察的话，就会发现，其实猫也绝不是傻瓜。还是让我通过几个实验，来证明猫的智慧和理性到底哪个更“发达”吧。猫特别缺乏数量与大小这类概念。比如两只猫在一起吃东西，要是给它们大小不一样的两块肉片，你猜它们会怎么办？如果是人的话，肯定会先将大的那块拿过来，要是大块的被别人抢走了，才会去拿小块的。猫却不是这样。它们一边担心肉会被对方夺走，一边把小块的叼到嘴上，而把那块大的留给对方。它们要是能够辨别肉的大小的话，肯定会先吃大的，后吃小的，吃饭时也就不需要那么费心思了。

关于对数量的认知，还是用两只猫来做实验。给它们两份一样多的肉片，让它们选择。可是，它们还是与弄不清大小一样，对于数量的多少也没有概念。它们不去选一堆肉片，而是急匆匆地扑向掉在边上的一片肉。由此可以断言，猫是一种既不知大小也不识数目的动物。

然而，俗话说，习惯是最好的老师。猫虽然不知大小，不识数目，却能清楚地记得卖鱼的和卖肉的人。他们拿着鱼或肉来家里的时候自不必说，即便空着手来，只要听到他们的声音了，猫马上就会跑出来。这恐怕就像人们所说的，如同从木匠的身上能够闻出杉树和柏树的香气一样，难道卖鱼的人身上也有鱼的腥味，卖肉的人身上也有肉的香味？根据我的实验，哪怕是隔着拉门或窗户，只要听见卖鱼卖肉的人的声音，它们马上就会跑出来。也就是说，猫即便闻不见鱼或肉的香味，也能够辨别出卖鱼卖肉的人的声音。它们在榻榻米上睡得正香呢，要是碰一下牛奶瓶，发出“叮当”一声响，它们马上就会飞奔到你的身边来。以上这些表现，都是它们对自己心爱之物的本能使然，经过几次训练，习惯成了自然，也就成了它们日常生活知识的积累。而且，猫一旦发现了自己所喜爱的食物，在打算偷盗时，也会使出种种手段。即使偷盗不成，也足以说明它们是动了脑筋的。

但这里我还想说一说猫在区分野鸟与家养的雏鸡方面的能力。从外形上看，野鸟与家养的雏鸡几乎没什么大的差别。这对于能够捕获青蛙、蜻蜓的猫来讲，鸟啊、鸡啊、雏鸡之类的猎物，应该不在话下吧。再者，鸟那么难捉，而逮雏鸡就要容易多了，一定更令它们垂涎吧。可是，如果被人训斥过几次，即便它们是捕鸟的高手，也断然不敢去动“逮雏鸡”的脑筋。当然，在饥饿难忍的情况下，捕捉雏鸡充饥，又另当别论。人不是也有“贫者成盗”之说嘛。虽然有“过于盗泉，渴矣而不饮”[①]的典故，人或者可以做到，可它们是并不那么讲求义气的猫啊。野外的鸟可以捕捉，但在野外玩耍的雏鸡却不能够捕捉。这一点，已经在它们的脑子里打上了深深的烙印。也可以说，这是它们经验和知识的积累吧。

类似这样的例子还有许多，恕我不一一列举。由于习惯使然，许多地方还有专门看守食物的猫呢。例如，在浅草公园里，开着一家煎饼店。这家店铺做好的煎饼都必须晾晒之后再出售。当店里伙计将做好的煎饼拿到屋顶上去晒的时候，一定要带着猫。猫就在煎饼的空当

① “过于盗泉，渴矣而不饮”：据先秦著作《尸子》记载：“（孔子）过于盗泉，渴矣而不饮，恶其名也。”意思是说，孔子一次路过“盗泉”时，口很渴，但因为泉水的名字为“盗泉”，这个名字令人厌恶，所以强忍干渴，坚决不饮此水。

煎饼

里蹲着，随时准备驱赶那些前来偷食的乌鸦。乌鸦要来偷煎饼，而猫不让它们偷。这样一来，双方就经常会发生打斗。我就曾经亲眼看见过这样的打斗场面。但是，猫是不是愿意在那里值班看乌鸦，也得看它的心情如何。只有在心情好的时候才去值班，要是心情不好的话，无论如何它也不肯去充当这个角色；乌鸦飞过来时，它也只当作没看见，任由它们随意偷盗。这是畜生们所为，人拿它们也没办法。我们不是也常常听说，值守的人睡着了，盗贼想怎么偷就怎么偷的故事吗?

我还记得在小学时代的读物上读到过一只名叫“阿奈”的猫，救了自己主人家的金丝雀的故事。这个故事大概是这样的：一天，有只流浪猫悄悄钻进家里，想要捕食主人家的金丝雀。眼看着金丝雀就要葬身猫腹，就在这千钧一发之际，家猫“阿奈”跳起来与流浪猫搏斗，并且，还趁着间隙将金丝雀叼进了另一个房间。最后，金丝雀不仅没有被流浪猫吃掉，身上连一点伤都没有。类似这样的有关猫的美谈，在日常生活中其实是很少见到的。遇到这样值得赞颂的事迹，人们肯定会大力宣扬。就连自己喜爱的食物的大小都分不清的猫，居然能做出如此仗义的壮举，还不值得好好赞扬一番？从猫的这个举动来看，是不是可以证明它们的理性已经到了很“发达”的地步了？实际上，这也可能只是它们一个下意识的举动。

在日本古代还有一些与这个故事相类似的传说。说是有只流浪猫想吃睡着的婴儿，家养的猫就奋力追赶，救下了婴儿的性命。我相信，这样的事情一定曾经发生过。总之，猫的智慧、理性虽然很低下，但经过教育与训练，在对待某些特定事情的做法上，还是有值得称道的地方的。不过，这些算是常识性的东西呢，还是其他什么呢？尚存疑问。

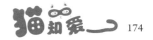

猫在肉前无朋友

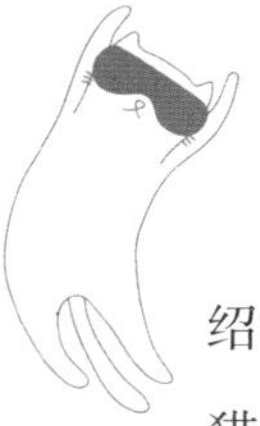

在建立友情方面，猫表现得并不积极。像前面所介绍的“阿奈”的那种表现，实在是太稀有了。在千万只猫当中，也许只有那么一两只吧。据说，浅草圣天附近有家店铺里的猫，曾经为自己的朋友——家里养的狗开过窗户。这样的事迹也应该算得上“够朋友”的一种表现吧。不过，虽然有这么一些表现，但猫还是算不上“够朋友”的动物。就像我家那只名叫久子的猫，有天夜里陷入了危险的境地，那只名叫平太郎的猫，看上去好像有些担心同伴。但它到底是不是在关心朋友面临的危险，还得打上个问号。就算有同情的意思吧，可它既没有给同伴送去慰藉，也没有为减轻久子痛苦做任何的事情。那一夜，我自始至终没有看到它主动为朋友做点什么。在我所知道的范围内，除了个别一两只猫以外，再没有听说过为朋友尽心尽力的猫。可见，猫的友情观念极其淡薄。

尽管如此，猫之间的那种“消极”的友情也还是应该得到认可的。譬如，它们之间常常互相舔舐对方，就是一个很好的例子。还有，两只以上的猫在一起玩耍时，其中一只猫走失了，也许是出于寂寞，它们会四处呼唤，寻找那只丢失的同伴。这也可以认为是它们“友情”的一种表露吧。不过，在猫与猫之间，相互舔舐是很常见的事情，可是，一只猫走丢了，其他猫四处呼唤、寻找，这样的事情却难得遇见。

从我实验的情况来看，久子死的时候，只有平太郎脸上露出了忧郁的神情，而其他猫则全都无动于衷。由此，我们是不是可以这样认为：在猫群体中，有的情义深一些，有的情义浅一些。上面说到的久子与平太郎，一只是母猫，一只是公猫，所以难免会怀疑它们之间可能存在某种奇妙的关系。可是，后来平太郎陷入危险时，花子、藤子这些母猫并没有任何反应。也就是说，“友情”的深浅因猫而异，与公猫母猫并没有什么关系。

在日常生活中，猫是很可爱的动物。几只猫聚集在一起，显得很亲近，谁都以为它们是好伙伴或是结拜的兄弟姐妹呢。可是，看上去如此亲密无间的猫，在吃饭的时候瞬间就变成了仇敌。平常食物如拌了鲣节鱼干碎的米饭，大伙埋头就吃，并没有争抢的兴趣。可一旦食盆里有了哪怕一片肉，猫就连父母兄弟都不认了，哪还会想到朋友？看着它们那个争抢劲，不由得让人马上想起“饿虎扑食”这个词语。

西方俚语中有这么一句话，叫作“猫在肉前无朋友”，真是一语揭穿了猫的真面目。为了不让肉片被抢走，猫会神色狰狞地露出爪牙，还摆出一副进攻的架势，试图夺取别的猫正在吃的肉。那样的场面，别说平日的脉脉温情了，甚至充满着一触即发的火药味，实在令人不寒而栗。这个时候，猫毫不掩饰地露出了猛兽的真实面目。看来，人们将猫归到“外柔内猛”的兽类行列，也并非完全没有道理。就我所见到的场景，面对肉食，它们哪里还讲什么朋友情义？这也恰恰说明西方的那句俚语不是毫无根据。

这些相互争抢肉食的猫，一旦肉吃完了，吃得多的也好，一点没吃着的也罢，换句话说，就是不管是输家还是赢家，马上就把这件事忘记得一干二净。或者并不是“忘记”，而是在它们的脑海里，根本就没有什么旧仇宿怨之类的东西。它们还像以前一样，是兄弟，是朋友，相互之间还是那么亲热地舔舐着……如果是人类的话，经过这么一番争斗，即使言归于好，也肯定会留下怨恨。猫却不一样，人家根本就没往心里去。

总之，猫类的友情是很消极的，很少见到它们有积极的友情表现。如前所述，它们当中可能偶尔有一两只表现出朋友情义，但那只是例外。从这个意义上讲，猫不能算是讲义气的动物。不过，猫也不会像某些人那样，四处挑事，到处树敌。它们争抢肉食的劲，看上去确实有点不共戴天的架势。不过美味没有了，冤仇也随之消失了，并不管那块肉到底进了谁的肚子。它们一如既往地相互舔舐，一副相亲相爱的样子。

这里，我再顺便说一下外面的猫到家里来要东西吃的情况。那些流浪猫前来乞食时，一定会在旁边等着，等到家里的猫吃饱肚子离开食盆之后，才会溜过去吃。它们一方面是心理上惧怕，另一方面大概也体现了猫的“食物道德”吧。如果流浪猫按照这个规矩做了，家里的猫就会在一旁默默地看着，并不干预它们。对于猫来说，再美味的食物，它们一旦吃饱，就不再留恋。同时也说明，对待食物，猫并不是吝啬的动物。

另外，遇到未经许可就来偷食的猫，家猫的态度往往表现得很奇怪。它们非但不驱赶偷食的猫，反而还护着它们。这可能也是家猫的“道德心”在起作用吧。在它们看来，即使是个小偷，也还是有可爱之处的。

若问猫之恋，只在叫春时

猫是不存在夫妻关系的。公母与母猫在发情期结成夫妻关系，母猫怀孕，并且生下了孩子。然而，发情期过去之后，它们之间就再也没有关系了。猫妈妈生下幼猫成为母亲后，就完全独立了，独自抚养这些幼猫。即便看见了那只与自己交配的公猫，也只当作路人一般。也就是说，公猫与母猫相亲相爱，只限于它们的发情期。

就夫妻关系而言，猫远远不如燕子、鸡这些鸟类、禽类。燕子、鸡发情期过后，在产卵期，雄性也还是负有保护责任的。即使是乳燕、雏鸡出生后，雄性也还与雌性一起，寻找食物喂养乳燕或者雏鸡。而公猫唯一能做的就是让母猫怀孕。它既不养活母猫，更不过问幼猫。它们每天仍在一起吃食，正如我前文所说的那样，要是主人给了肉食，昨天还那么相亲相爱的两只猫，今天马上翻脸，争抢肉食毫不留情。所以说，在动物当中，猫的夫妻关系最差，也最不牢靠。不过，公猫对自己曾经交配过的母猫好像是能够记住的。虽说它们会去伤害那些自己不喜欢的母猫，但对自己的孩子，即使不会给予保护，一般也不会加害。

猫类在发情期所结成的夫妻关系，绝对没有强迫的成分，完全是自由选择的结果。公猫一定会选择自己心仪的母猫，而母猫也必定会挑选自己喜欢的公猫。但是，它们以什么标准选择配偶，我还说不清楚。也许是根据毛色来做选择——对于自己喜欢的毛色的猫，就心生愉悦，而对自己不喜欢的毛色的猫，就心生厌恶。归根到底，自己不喜欢的猫，对方再怎么纠缠示爱，也绝不会成为夫妻。

关于猫夫妻的问题，还有件事不知怎么评价才好。我有个朋友，家里养了一公一母两只猫。平时，两只猫生活在一起，彼此融洽，十分和谐。可到了发情期寻找配偶时，母猫不喜欢生活中唯一的朋友——家里的那只公猫，而跑出去找其他公猫。我的那个朋友很不理解母猫的做法，认为母猫没有“贞操”。我不想去评判那个朋友的想法，而是想说明这个事实：家里仅有的一公一母两只猫，平时相处得很好，到了交配期却没有在一起。这告诉我们，猫在发情期并非来者不拒，它们对配偶的选择也很挑剔。由此可见，猫结成夫妻不在于它们平时的关系有多亲密，而在于它们之间在毛色或是性情方面产生了夫妻间应有的那种情愫。这个故事还告诉我们，猫寻求配偶与平时相处得怎么样是没有任何关系的，如果嫌弃对方的毛色，或是气味不相投，它们是绝不会勉强的。

其实，母猫作为母亲，它们养育幼猫的行为实在令人感动。在某些方面，甚至可以说比我们人类还要尽心尽责。一窝幼猫一般有两三只，多的时候达到四五只。刚生下来的时候得喂奶，稍微长大一些就得把米饭、肉食嚼碎了喂它们。等到幼猫长出了牙，母猫就得去捕捉小老鼠给它们品尝，让它们记住老鼠的美味。在之后相当长的一段日子里，母猫捕捉来的老鼠绝不给幼猫吃，而是独自享用，只让幼猫在一旁看着。不用说，这种做法就是给幼猫做捕捉老鼠、享受老鼠美食的示范，是在给孩子上课呢。这也是猫妈妈在培养幼猫独立捕捉老鼠的生活习性，从中我们能够看出猫妈妈从小就开始培养幼猫自力更生的良苦用心。不管是幼猫的大便还是小便，猫妈妈都是用自己的嘴接住，然后丢弃到别的地方，绝不肯弄脏自己的住所。那些就连爱子的襁褓都不愿洗的父母，看到猫妈妈这样的做法，不知会作何感想？若是富贵人家，有人帮忙带孩子还好说，而那些什么都要靠自己的父母，忙不过来的时候即便自己的宝贝身上沾着粪便也视若无睹。如此家长，要是与猫妈妈相比的话，一定会感到无地自容吧？

猫妈妈如此讲究幼猫的卫生，也许是出于猫类的本能，因为猫是一种特别爱干净的动物。但是，我认为，它们主要还是从幼猫的健康出发，才这么不辞辛劳地每日奔波忙碌。本能也好，其他什么也罢，猫妈妈作为母亲不得不说十分令人钦佩。在茨城，我亲眼看到过这样一件事情：一只猫妈妈的幼猫丢了，它四处寻找，叫声特别悲伤。后来实在找不到了，它就偷了别的猫的幼崽来养活。在西方有关养猫的书中，也曾写过猫妈妈丢了自己的孩子十分焦虑，把小兔当成自家的孩子养的故事。还有的猫妈妈为了弥补失子之痛，竟然养起了貂鼠的幼崽。作者说，自己曾经亲眼看到过猫妈妈养育小老鼠。除了特定时期之外，猫类妻子不知道丈夫，丈夫不知道妻子，但作为母亲，猫妈妈在养育幼猫方面倒是令人不得不佩服。

幼猫在慢慢地长大，渐渐地会自己玩了。这时，猫妈妈就会把它们领到人类的面前。从此以后，幼猫就生活在人类跟前，在被他们玩赏的同时，也逐渐被驯化。尽管小猫已经开始社会生活了，可猫妈妈还是一点儿也不敢马虎。要是看到有谁虐待它的孩子，就会马上带着孩子跑去别的地方。由此可知，猫妈妈爱自己孩子的感情是多么地真切。

随着幼猫长大，虽然它们很想与妈妈亲近，但猫妈妈绝不让它们留在自己身边。幼猫想继续吃奶，可猫妈妈愤然不让它们接近自己。这相当于人类培养孩子的独立生活能力吧。在这个“断乳期”，因为母猫不让吃奶，而幼猫还没有完全适应没有母奶的生活，幼猫往往会变得消瘦。幼猫断奶后，有的要被送到别人家养。送给别人家的幼猫虽说有些可怜，但与长期跟猫妈妈生活在一起的幼猫相比，能独立生活，因而更幸运，更快乐。而那些生活在猫妈妈身边的幼猫，很难摆脱对猫妈妈的依恋。想与妈妈亲近不让，离开妈妈又不习惯，这难道不是一种不幸吗？至少也可以说是不大幸福吧。

据说，狮妈妈在产子后的第三天，会将幼狮推下高高的山崖，用这个方法来试验新生儿的胆魄。大概“百兽之王”狮子对后代更加严格吧。猫当然不可能有这样的魄力，但在哺乳期过后，即便幼猫还想吃奶，还想与猫妈妈亲近，猫妈妈却视子如敌，再不愿意跟它亲近。这可以说是猫妈妈的明智之举。因为随着幼猫逐渐长大，它们会被别人家领养，与猫妈妈的母子关系也就随之消亡，母子关系就像那只存在于交配期的夫妻关系一样。

我曾经领着家里养的彦次郎去看望它的妈妈。结果，猫妈妈已经不认识自己的孩子了，彦次郎也不认识自己的妈妈了。我猜，猫类母子之间是会乱伦的。如果它们彼此不认识了，乱伦也就没什么奇怪的了吧。况且，在食物面前，它们也不会永远是母子关系，最终都会变成毫不相干的“陌生人”。从幼猫被别人家领养时起，猫的母子关系就结束了。幼猫刚断奶就要离开，猫妈妈或许还有些不舍，但如果到了不让小猫亲近的阶段，它们的离开反而是令猫妈妈高兴的事情。

从另一个角度来看，母猫哺乳完成，很快又进入发情期，交配之后又怀孕了。而在这个发情期中，它的丈夫可能就是自己去年刚生下的孩子。细想起来，畜生也是很奇怪的。然而，对猫有着浓厚兴趣，并且亲自养过猫的户川秋骨先生曾经说过：幼猫在与猫妈妈同住时，作为母亲的猫妈妈是不允许幼猫与自己交配的。也就是说，猫妈妈决不允许与幼猫乱伦。我认为，秋骨先生的这个说法是符合实际的。

我有个朋友养了只名叫阿驹的母猫。阿驹是七岁时来到朋友家的。阿驹大概属于波斯猫当中的烟灰色品种，它的毛是紫灰色，但由于紫的成分比较少，看上去不是很漂亮。阿驹是个捕鼠高手，运气好时，一天能捕捉四五只老鼠。它捕捉到老鼠后会全都拖回家来，一时吃不完就储存起来。它的生殖能力也很强。它来朋友家时已经七岁了，要是按照人的年龄来计算，已经是六十岁的老太婆了。可它每次产崽都不会少于四只。而且，它的体格还特别壮硕，每年都会产两胎。

阿驹还是一只能逗人的猫。例如，它几天没捉老鼠，家里人要是对它说：这几天怎么没捉老鼠啊？听了家人的话，第二天起，它就会拼命地捕捉老鼠。这也许是偶然发生的情况。要是听到家里人说它生的某只幼猫丑的话，用不了多久，它就会把那只幼猫咬死。这让人不得不怀疑，它是不是能够听懂家里人的话。据说，被阿驹咬死的幼猫，都是发育不健全、长大后生活难以自理的病弱猫。同时，如果一窝产的幼猫太多，奶水供应不足时，它也会把病弱的幼猫咬死。人们都说阿驹能够听懂家里人的话，并且按照家里人的意图行事。这种说法也许并非完全没有道理。不过，有一点值得商榷的是，它咬死病弱的幼猫这件事，未必都是听从家里人的旨意。这样的情况不仅仅发生在阿驹的身上，几乎所有的猫妈妈都是这样做的。

水火也相容

不错，对于动物来说，这个世界就是一个弱肉强食的世界。所以，猫在狗的面前总是缩成一团，唯恐被它吃掉。而猫在老鼠的面前却像个大王似的，手里掌握着老鼠的生杀大权。如此说来，世上的这些动物，可以说都是敌人。

然而，事情往往又不像我们所下的结论那样简单。例如，猫与鼠、狗与猫之间，可以相处得比它们的同类、它们的兄弟姐妹更加亲密和谐。过去，人们一直都说狗与猴水火不相容，可现在，这样的说法也得到了纠正。传统概念上相互残杀的动物之间，建立友情，相依为命，如今看来也并非难事。从有些弱者与有些强者所建立的亲密关系来看，在这个世界上，作为弱者也未必就是一件值得哀叹的事情。更何况，某些弱者相对于某些更弱的动物来讲，它又是强者呢。

诸位一定在祭祀活动中，或是在杂技棚里看到过猫与狗一起表演的节目吧，还看到过猴子骑在狗背上，在大街上自由自在地闲逛，白鼠与猫像亲兄弟般一起玩耍，猫与狗同食共寝的场景吧；在三越儿童博览会[①]上，也一定看到过熊、猴子、狗和猫都成了好朋友，济济一堂，就像生活在天堂里一样美好的景象吧。

我在前面写了那只名叫阿奈的猫救金丝雀的故事。首先，阿奈与金丝雀之间是熟识的，所以，当一方性命受到威胁时，阿奈才会设法救它。再者，还有一个不可忽略的事实，就是它们生活在同一个屋檐下，彼此争宠争食，相互敌视，原本也是不可避免的。但不管怎么说，它们朝夕相处，彼此之间还是结成了甚至比母子之间、兄弟姐妹之间还要密切的关系。因此，可以认为，只要相处的方法得当，相互之间建立起了感情，不同种类的动物也是能够成为朋友的。虽然我没有做过使狗与猴子、猫与老鼠成为朋友的实验，因而不能对这些现象做出有

① 三越儿童博览会：指日本三越连锁百货商店从 1909 年至 1921 年在东京、大阪等城市的分店举办的以促销为目的的博览会。该儿童博览会受到顾客的广泛欢迎，从展示柜台到卖场都排着长队，货物的销售量空前。

说服力的解释，但我曾经做过使猫与狗成为朋友的实验。下面，我来介绍一下这方面的情况。

我家原先有只名叫藤子的猫，是昭和三十九年(1964)五月出生的。可在第二年四月，它遭到野狗的侵袭，不幸丢掉了性命。藤子背上的毛是黑的，腹部的毛是白的，有两只脚是白的，尾巴尖也是白的。藤子是只性情温柔的猫，所以，对于它惨遭的不幸，我深感痛惜，一直都

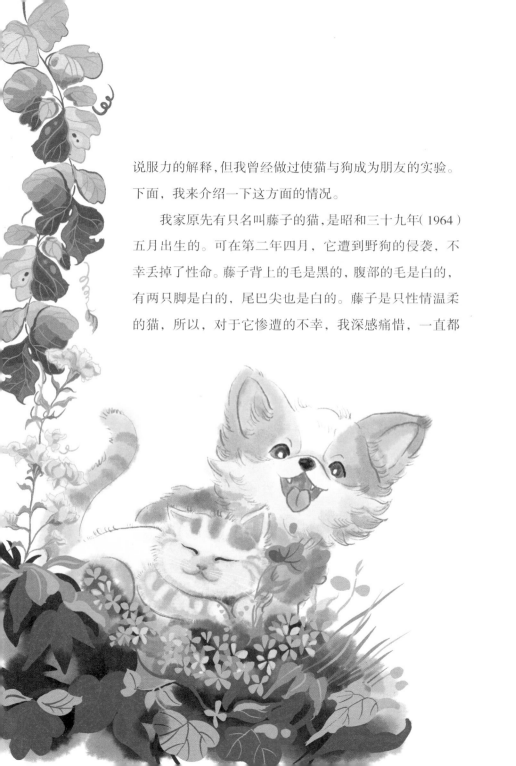

想找一只跟它一样的猫回来养。碰巧的是，我看到一只小狗，竟与藤子的长相不差分毫。于是，我就向人家要来了那只小狗。那是只公狗，我就给它起了“富士郎”的名字。我将它与家里的三只猫一起放在榻榻米上，让它们同食共寝，食宿玩耍都在一起。富士郎是只刚出生三个月的小狗，而猫都已经十个月了，显然，猫要比狗厉害得多。狗虽然身体比猫大一倍，但毕竟还是小狗，它与猫相差七个月，相比之下要弱小一些。

刚来家时，面对三只比自己大许多的猫，富士郎感到很惊恐，猫也有些不自在。可双方还是能够玩到一起，彼此没有敌意。猫与狗是两种不同的动物，身体的气味不同，长相也不同，但它们逐渐理解到对方是温柔的动物，彼此也就逐渐放松了警觉心。它们是异类，虽然不怎么亲近得起来，却也从来没见它们打过架。有时，猫也有想打架的心思，可狗不知道怎么打架。孤掌难鸣，这架也就没法打了。夜里，我让猫与狗睡在一起。过了两三夜之后，发现它们已经不陌生了，就像一家人似的，彼此成了好朋友。

后来，那几只与小狗和平相处的猫都陆续生病死了，新生代的猫替换了它们的祖辈。第二代平次郎来了，接着彦次郎也来了。但是，狗还是当初的那只狗。这样一来，猫与狗之间就不像以前那样亲近了。猫害怕狗，狗也总是追袭猫。于是，猫与狗终于还是成了敌人。

本来，狗多少还有些想跟猫在一起玩的心思，可它已经长大，不再是当初那个弱小的模样。与之相反，猫却很小，刚刚在学习玩的技巧。而且，从体形上看，猫与狗也不协调。猫看着狗那庞大的身躯，那高高耸起的背，那披散全身的毛，心生恐惧，如临大敌，就总是躲着狗，不愿意跟它接近。这样，它们之间就形成了水火不相容的局面。但是还好，由于狗的忠实厚道，双方依旧相安无事。就这样，时间一天天过去，它们之间的紧张关系有了改善，总算又能在一起吃食、睡觉了。现在，平太郎、彦次郎与狗相处得很好，就像一家人似的和睦友善。

以上这个实验告诉我们，就猫与狗之间的亲和度而言，狗与猫都很小，没有戒备心的时候，彼此之间最容易亲近；要是猫比狗大的话，就需要一些磨合的时间，但最终还能玩到一起；如果狗比猫大很多，猫就会心存惊愕与恐怖，彼此亲善的难度就要大得多。想必狗与猴子、猫与老鼠，乃至三越儿童博览会上所看到的熊与猫、狗与猴子能够化敌为友，同台表演，全仗着驯养人员高超的技巧与耐心。并且，驯养人员一定是让这些动物从小就在一起生活，培养了良好的感情。当狗妈妈失去了自己刚生产的幼狗，如果有幼猫需要哺乳的话，这只狗妈妈就会给幼猫喂奶,并会从此将这只猫当作自己的孩子。听说世上有许多类似的故事。

喵喵……

不可小觑的“特异功能”

猫的耳朵是非常神奇的一个器官，据说从猫洗脸时爪子是否超过耳朵就可以预测天气。

鼠疫杀手

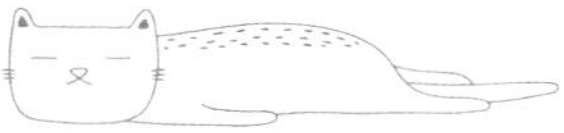

“鼠疫杆菌”这个专业名词，我这样没有医学知识的人无法做出准确的解释。通过查阅资料，我知道鼠疫的危害极大，是一种十分可怖的疾病。鼠疫杆菌与老鼠之间的关系，通过日本政府收购老鼠的情况，多少能窥见一斑。社会上展开的关于“利用猫捕捉老鼠，以利于预防鼠疫”的大讨论，也给我留下了深刻的印象。1908年6月，著名医学家罗伯特·科赫博士来到日本，终于使得这场大讨论有了结果。他指出，利用猫生性喜欢捕捉老鼠的本能来预防鼠疫杆菌，不失为一个良策。于是，日本政府也开始鼓励养猫，向全国发布了训令。这对于我们有些人来说，应该都还记忆犹新吧。我作为“猫党”的一分子，还是想说说鼠疫与猫的关系。但是，我是个门外汉，缺乏这方面的专业知识，就依据罗伯特·科赫博士来到日本后，在报纸专栏“医学大家谈”上发表的文章来做说明吧。

罗伯特·科赫博士在印度做了这样的实验：他将带有鼠疫杆菌的老鼠与不带鼠疫杆菌的老鼠分开关在两个不同的房间里，并且，完全断绝了“有菌鼠”与“无菌鼠”房间之间的通道。可是，那些“无菌鼠”还是被鼠疫杆菌感染了。博士调查其中的原因得知，“有菌鼠”与“无菌鼠”房间之间的通道虽然被完全阻断了，可老鼠身上的跳蚤却能在两个房间之间自由地来去。博士坚信，“无菌鼠”被感染，根源就在于这些跳蚤。接着，他又开始阻断跳蚤的通道。果然，“无菌鼠”被感染的情况消失了。通过这个实验，博士确证了自己判断的正确性。在这个基础上，他又做了鼠疫杆菌感染人体途径的实验。按照过去的说法，鼠疫杆菌主要是通过人体的伤口侵入的。但是，博士在实验中发现，这个说法是错误的。他的实验证实，鼠疫杆菌之所以会感染人体，是那些吸了被鼠疫杆菌感染的老鼠血的跳蚤，附着到人体上之后，再吸人血时传染的。由此，他认定必须消灭那些平时容易感染鼠疫杆菌的老鼠。这样一来，日本政府就出台了奖励养猫的政策措施。

这里，我要再说一说跳蚤。博士在“无菌鼠”与“有菌鼠”实验中所涉及的跳蚤，大多生长在热带或亚热带地区，主要产地是印度。根据绪方正规[①]博士的研究，中国台湾也是这些跳蚤的产地之一。从印度当地的情况来看，鼠疫感染严重的地区，也正是这种跳蚤集中的地区。而在没有这种跳蚤的温带地区，如日本的东京、大阪、神户等地区，只能从躲藏在由热带地区进口的棉花中的老鼠身上检测到这种跳蚤。绪方博士认为，在对外贸易的港口以及货物集散地，鼠疫发病率之所以高，主要是由进口热带、亚热带货物中跳蚤身上所携带的鼠疫杆菌所致。这些携带鼠疫杆菌的跳蚤来到日本后，一方面扩散了鼠疫杆菌，另一方面寄生在了日本老鼠的身上，产生了新的跳蚤品种。

那些寄生在狗、猫身上的跳蚤，有时也能在老鼠的身上检测到。寄生在猫身上的跳蚤一般不会将鼠疫杆菌传染给人或其他动物，也就不必担心了。可老鼠身上的跳蚤具有很强的传染性，是导致鼠疫的重点所在。尤其是像狗、猫这类与家人密切接触的动物，如果“有菌鼠”

① 绪方正规（1853—1919）：日本卫生学专家、细菌学研究家。东京帝国大学医科大学校长、东京帝国大学教授。他是日本卫生学科、细菌学科的奠基人。

身上的跳蚤传给了狗和猫,随之就可能附着到人的身上,那将是非常危险的事情。

可能会有人认为，这不是说狗和猫反而成了传染鼠疫杆菌的媒介吗？关于这件事，容我在本书的后面再来叙述。这里，我想专门讲一讲寄生在狗和猫身上的跳蚤与寄生在老鼠身上的跳蚤有什么不同。再者，在这里我要特别强调的是,最初研究跳蚤与鼠疫杆菌之间关系的,并非罗伯特·科赫博士，而是日本的绪方博士。

还是让我接着讲猫吧。关于罗伯特·科赫博士的“养猫制鼠论”，他的高足北里柴三郎[①]博士是这样评价的：鼠疫与老鼠之间的密切关系，在日本已经得到了确认。一开始的做法是由政府来收购老鼠，以达到消灭老鼠的目的。为此，政府也确实收购了大量的老鼠。可是，老鼠是一种繁殖能力特别强的动物，光依靠人工的力量很难奏效。或者说，费了很大的劲，效率却非常低。因此，大家就在考虑如何利用自然的方法来消灭老鼠。这时，

① 北里柴三郎（1853—1931）：日本医学研究家、细菌学研究家、教育家、实业家。以“日本细菌学之父”而著称于世。他是鼠疫杆菌的发现者，还发明了破伤风的治疗方法，对于感染病学做出过重大贡献。

罗伯特·科赫博士提出了“猫捉老鼠”的方法。这是利用生物之间天然相克的原理消灭老鼠,成效当然很显著。这就如同当年夏威夷生长一种名叫马鞭草的有害野草一样，用人工的办法根本无法根除。当时，植物学家根据生物相克原理想出了一个办法,即利用一种叫潜蝇[①]的小昆虫喜欢在植物种子里产卵的特性，使其大量繁殖，利用它们的幼虫蚕食马鞭草。如今利用猫捕鼠的天性去消灭老鼠，岂不是与上述做法有异曲同工之妙？同时，罗伯特·科赫博士也在捕捉老鼠方面做了许多尝试，例如利用埃及、印度以及欧洲的一些食肉动物做实验，但它们一概都不如猫管用。于是，博士在鼓励养猫捕捉老鼠的同时，还提出了用猫消灭老鼠不可忽视的相关事项：

一、每户必须养猫。要作为一项制度抓好落实。警察要不定期地上门检查。

二、设立悬赏制度。向社会征集捕鼠能手的猫种。

三、在全世界范围收集捕老鼠能手的猫种，并尽快进口繁殖。

四、各地设立猫市，就像设立牛市、马市一样，或

① 潜蝇：属于潜蝇科的蝇属。它们的幼虫蚕食多种植物的叶片，是经济害虫。

采取其他方式奖励养猫。

五、在鼠疫流行地区航行的船只，必须按照吨位数配备相应数量的猫。

六、修建住宅时，必须在房顶等老鼠栖息的地方，给猫留下进出的通道。

七、在鼠疫流行地区以及有可能输入鼠疫的地区，大量养猫，以驱逐老鼠。要定期对鼠疫的发病情况进行检查。

真不愧为专家所见。读完他的告示，我发现自己家最遗憾的就是，家里有老鼠出入的洞穴，却没有猫进出的通道。老鼠在房子的顶棚上喧闹，蹲在榻榻米上的猫虽然看到了，却根本上不去，拿它们没办法。其实，在家里做到这一点并不难，马上就可以改进。全是由于平时的疏忽，造成了这种混乱的局面，不能不说十分遗憾。其余六项本来也不是什么难办的事情，普通人家都能够做到。

就罗伯特·科赫博士的“养猫制鼠论”，宫岛博士曾经指出，利用猫来消灭老鼠，这种方法不容置疑。但是，一直以来，许多专家都在怀疑：吃过这些老鼠的猫是不是把鼠疫杆菌传染给人类的一个渠道？罗伯特·科赫博士研究发现，虽然鼠疫杆菌大多数是由跳蚤传染的，但他在此基础上经认真研究跳蚤与猫之间的关系后指出，带有鼠疫杆菌的老鼠身上的跳蚤，即便寄生在猫的身上也不会传染给人类。因此，他提出了“养猫制鼠”的理论。当然，吃了带鼠疫杆菌老鼠的猫，也是令人害怕的，但这只是一个心理问题——即便是吃了带鼠疫杆菌老鼠的猫，也不会对人类产生实质性的危害。

一直坚守在鼠疫发源地——印度比哈尔邦[1]的布卡兰医生对利用猫治理鼠疫的效用进行了长期的研究。他在研究报告中指出，如果养猫的数量能够达到住户数量的一半以上，这样的村庄就不会发生鼠疫杆菌感染；要是养猫的数量在住户数量的一半以下二成以上，会发生少数感染的情况。而那些鼠疫传染严重的地区，养猫的数量都在住户数量的二成以下。这就说明，从住户的情况看，没养猫的家庭被鼠疫杆菌感染的风险高，养猫数量少是导致鼠疫高发的根本原因。布卡兰医生最后得出的结论是：要想预防鼠疫的传染，唯一有效的途径就是养猫。

以上，我引用了几位专家的说法，想告诉诸位的是，养猫预防鼠疫是最有效也是最经济实用的方法。去年，我对东京市区的养猫情况进行了调查，试图分析猫与鼠疫之间的关系。

---

① 比哈尔邦：印度东北的一个邦。

地区	户数	养猫数量	猫/户的比例
麹町区	10734 户	958 只	平均 11 户养 1 只猫
日本桥区	20759 户	2036 只	平均 10 户养 1 只猫
深川区	28462 户	1557 只	平均 18 户养 1 只猫
神田区	27620 户	2550 只	平均 11 户养 1 只猫
牛迂区	19731 户	1440 只	平均 14 户养 1 只猫
本乡区	20341 户	1359 只	平均 15 户养 1 只猫
四谷区	9625 户	816 只	平均 12 户养 1 只猫
赤坂区	10083 户	843 只	平均 12 户养 1 只猫
下谷区	31563 户	1644 只	平均 19 户养 1 只猫
本所区	45705 户	2887 只	平均 16 户养 1 只猫
浅草区	39994 户	3005 只	平均 13 户养 1 只猫
小石川区	21149 户	1235 只	平均 17 户养 1 只猫
麻布区	15009 户	981 只	平均 15 户养 1 只猫
芝区	30248 户	2645 只	平均 11 户养 1 只猫
京桥区	29405 户	1611 只	平均 18 户养 1 只猫
合计	361428 户	25568 只	平均 14 户养 1 只猫

从上表统计的数据来看，平均养猫最多的是日本桥区，平均养猫最少的是下谷区。而鼠疫流行最严重的深川区，平均 18 户养一只猫，本所区平均 16 户养一只猫。从这样的比例来看，户均养猫的数量过少，远远达不到预防鼠疫的要求。户均养猫最少的下谷区，鼠疫的发病率也是很高的。深川、下谷二区还是工业区，鼠疫杆菌的输入渠道也相对多。应该说，出现这种情况，与他们户均养猫数量过少有很大的关系。

下谷区的疫情当然不乐观，但最危险的还要数与深川区接壤的京桥区。这个区的某条街道上，平均 18 户人家只养一只猫。我认为，真正应该大力推行奖励养猫政策的是京桥区。日本桥区是以仓库数量众多而著称的，那里却没有发生鼠疫感染。除了他们卫生状况保持得好，还有一个重要原因就是猫养得多吧。

总之，在工商业发达的地区，猫养得多，就没有发生鼠疫感染，而猫养得少的地区，就发生了鼠疫感染。这是值得我们深思更值得我们借鉴的经验与教训。从事进出口生意的工商业从业人员，更应该在家里和货物仓库里多养些猫。当然，如果认为只要养了猫就能预防鼠疫感染，那也是错误的。专家们倡导养猫，是为了捕捉老鼠。只有老鼠减少了，才能有效地灭绝鼠疫杆菌传播的途径。传播的媒介灭绝了，就能减少鼠疫杆菌对人体的感染。只有这样，才能形成良性循环，实现有效的预防。也就是说，我们谁也不敢说，养了猫就等于消灭了鼠疫杆菌的侵入。之所以不敢断言，是因为如果猫倒是养了很多，可一只老鼠都不捉的话，预防鼠疫感染也是绝对不可能的。

说到这里，又有个问题需要引起我们的注意。那就是在鼠疫流行之际，一旦猫捕捉到了带有鼠疫杆菌的老鼠，并在厨房里吃的时候，谁又能保证老鼠的毒血不会沾到食盆上？再者，猫喜欢趴在人的膝盖上玩，还喜欢舔舐食盆，这样一来，猫岂不就可能成为鼠疫杆菌传播的媒介了？养猫岂不成了有害而无益的事情了？这种说法在罗伯特·科赫博士来到日本之前很有市场，所以，政府也没有推行奖励养猫的政策。

但是，罗伯特·科赫博士来到日本之后，会同诸多专家进行了研究，纠正了那些错误的看法。他们认为，鼠疫杆菌对猫的感染力极低。通过养猫捕鼠来消灭鼠疫杆菌，是一件有百益而无一害的事情。不易被鼠疫杆菌感染的猫，万一被感染了的话，就说明这个家里有带鼠疫杆菌的老鼠。正因为猫被感染，发现了病毒的存在，所以采取紧急预防措施，就能切断鼠疫杆菌感染家人的途径。因此，在鼠疫流行的地区，利用猫来捕捉老鼠不必担心安全问题，在某种程度上讲，也可以算是预防鼠疫的一种策略吧。罗伯特·科赫博士还特别指出，在鼠疫流行的地区大规模开展猫捕老鼠的活动之后，应该将这些猫隔离起来，观察是否出现感染症状。同时，要对鼠疫流行地区的家养猫实施消毒，也要对它们食用过老鼠的地方进行消毒。这样的消毒处置，想必应该不难做到。

猫的一个重要特性就是，它们捕捉到老鼠之后，必定要拖回家里食用。总之，鼠疫与猫的关系很密切。有它们作为第一道防线，就大大降低了鼠疫感染人的概率。平时坚持养猫捕鼠是预防鼠疫最好的措施。只要没有鼠疫发生，自然也就冰释了某些人的种种疑虑。

烦躁不安，就要变天

利用鸟类和畜类预报天气，是自古以来人们就采用的一种方法。这在气象学还没有形成的年代，确实帮过人类大忙。我想，绝不能一概否定根据鸟类或畜类的某些动作来预测天气的准确性。尤其是我下面将要给大家介绍的利用猫来预报天气的方法，可以说是万无一失。也许有些人会问：即使是现在的气象台，预报天气也有出错的时候，猫又怎么能够那么准确地预报天气呢？我认为，这种担心毫无必要。我下面所讲的内容，就是我这几年来的实验结果。那么，我就先来介绍一下，人类利用鸟类和畜类预报天气的情况吧。

序号	内容
1	鸽子叫，雨来到。
2	鸢乱舞，雨丝飘。

续表

序号	内容
3	乌鸦在空中聒噪，风雨将至。
4	家雀在空中乱飞，风雨将至。
5	早晨乌鸦叫，有雨。
6	乌鸦戏水，雨将至。
7	鸽子招唤雌性，天要放晴。
8	鸽子追逐雌性，天要降雨。
9	母鸡背雏鸡，天要下雨。
10	水禽上树，天要下雨。
11	牛脚刨地，要刮大风。
12	牛朝天吼叫，天要阴，刮大风。
13	猫洗脸，爪子抓到耳朵后面，天要下雨。
14	猫洗脸，爪子不超过耳朵，天要晴。
15	猫崽子吃青草，天要下雨。
16	狗吃草，天要晴。
17	狗在高处睡，天阴要下雨。
18	蚁穴门关闭，天将降大雨。
19	白天蛇现身，无风也有雨。
20	鱼跃出水面，风雨将至。

除了这些之外，可能还有许多类似的民谚。不过，以上表中所列举的内容，并没有得到实验的验证，所以，我也不敢说都是准确的，不能不说是件很遗憾的事情。但我敢保证，下面要讲的内容，都是准确的。

一、天气晴朗时，如果猫在上午烦躁不安，下午天就要转阴或下雨。如果在下午烦躁不安，夜里就会转阴或下雨。如果在夜里烦躁不安，第二天就是阴天或下雨。

二、阴雨天气，如果猫在上午烦躁不安，下午就会转晴，至少也会转成半晴天。如果在下午烦躁不安，夜里就会转晴，至少也会转成半晴天。如果在夜里烦躁不安，第二天就会转晴，至少也会转成半晴天。

这里所说的“晴天”，是指晴空万里，没有一丝云彩。所说的“半晴天”，是指天上飘浮着云彩。“下雨”就不用解释了，“阴天”则是指空气中湿度很大，眼看就要下雨的样子。其中的“晴天”与“半晴天”区别不大，而“阴天”与“降雨”虽然有着一步的差距，但不妨将它们等同视之。也就是说，假如猫在某种天气出现烦躁不安，就预告了天气即将向相反的方向变化。晴天、雨天的变化，它们都能准确地预测出来。就像我当初也不太相信一样，想必诸位也一定存着许多疑问吧。

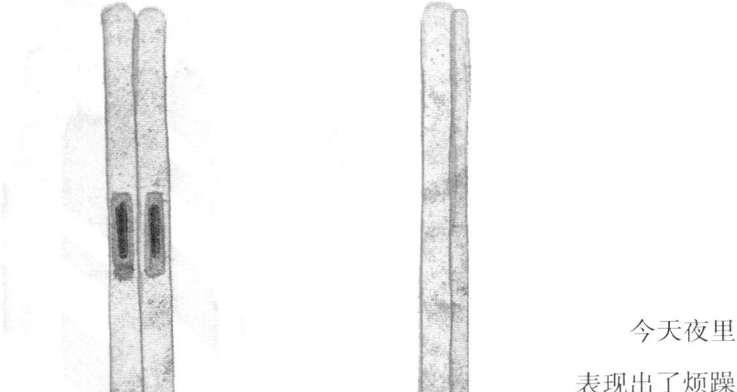

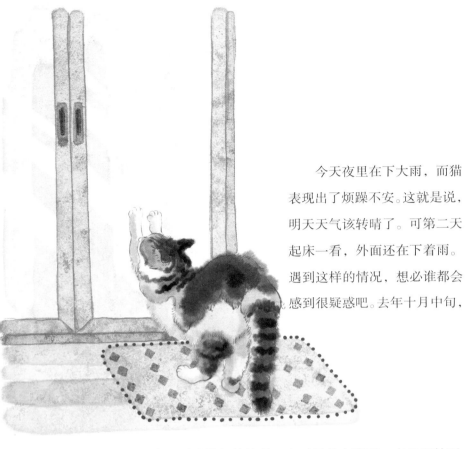

今天夜里在下大雨，而猫表现出了烦躁不安。这就是说，明天天气该转晴了。可第二天起床一看，外面还在下着雨。遇到这样的情况，想必谁都会感到很疑惑吧。去年十月中旬，我就遇到过类似的情况。十五日是个阴天，夜里开始下雨。晚上八点左右，猫烦躁不安，开始预报十六日天气要转晴。可是，十六日早上我起床一看，外面的风雨并没有停歇。面对这样的情况，我也感到很疑惑。不过当时我觉得问题不大，连雨具都没带，就踏上了前往甲信地区[1]游览的旅途。果然，雨很快就停了。上午十点左右，天就半晴

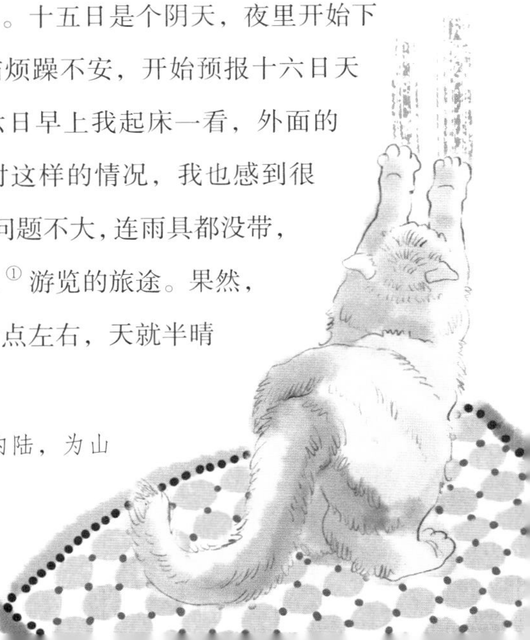

① 甲信地区：位于日本本州中部内陆，为山梨县与长野县的总称。

了，而到了十二点左右，天就完全晴了。这就是说，民间长期积累的经验一般不会有错。

那么，猫情绪烦躁不安时会有些什么样的表现呢？其实，这是一目了然的事情。一直安安静静在家里待着的猫，突然在室内焦躁不安地来回跑动，甚至往拉门上爬，有时还会在墙壁上磨爪子，总之，就是一副很难受、很不安生的样子。这是猫情绪不稳定的一种表现吧。人们只要稍加关注就可以了解。也许有人会说，我又不是猫气象台的工作人员，哪来闲工夫整天看着猫的表现？家里人要是知道猫的情绪能够预报天气，想必会有人用心观察的。不过若是没人注意也没关系，只是白白错过了一个有趣的观察机会罢了。

一般情况下，猫烦躁骚动大多是在上午七八点钟，或是傍晚的七八点钟。这个时间段家里的人最齐全，要是注意观察的话，是可以看到的。

家里有只可以预报天气的猫，如果利用得当的话，就能避免晴天带着雨具，而雨天又没带雨具的尴尬。另外，还涉及出门穿什么衣服等体面上的事，想必一定会得到夫人们的夸奖。这对于我来说，虽然也起不上什么大的作用，但这些日子以来，我外出时确实没有被雨淋着过。

诸位家里的猫也都是很能干的，只是你们没有在意罢了。不过，有一句话我得在这里交代清楚：处于发情期的猫，预报天气的功能就完全不准了。发情期的猫不光处于半癫狂的状态，而且它们整天都不在家，你上哪儿去观察？另外，上了年纪的老猫在这方面不如年轻的猫灵敏、管用。

以上所讲的这些，都是我自己的经验之谈，如果要问学理[①]上的依据，恕我还没有来得及好好研究。不过，猫的皮毛对外界电流以及气象的变化，具有良好的感应能力，这也是它们能够及时感应到气候变化的原理之一吧。同时，猫的耳朵是非常神奇的一个器官，据说从猫洗脸时爪子是否超过耳朵就可以预测天气。这想必也是有依据的吧。遗憾的是，我还不能运用学理来对其真伪做出判断。那就等到日后我研究清楚了，再做补遗的发表吧。

① 学理：指科学上的原理或法则。

浑身是宝

我在这里介绍猫的皮和毛的用途，并不是让大家去杀猫，取用它们的皮和毛的意思。本来，我不想写这一节的，但因为这也是属于猫的用途之一，忍不住还是写了。说起猫的皮，一直以来都是人们制作传统乐器——三味线的最佳材料。而猫的毛，也是用来做毛笔的上等材料。

制作三味线，有的人用狗皮，有的人用猫背上的皮，但最佳的选择当属猫腹部的皮，俗称“四乳”。也就是说，在那块蒙三味线琴鼓的猫皮上，能够看到两对乳头。不过，也并不是所有猫腹部的皮都是最好的。就猫的年龄而言，六七个月大的猫的皮最理想，随着猫龄的增长，皮子的质量也会越来越差。如果要说原因的话，那是因为六七个月的小猫尚未进入发情期，没有东奔西跑寻找过配偶。同时，它们也不会像老猫那样四处游逛，弄伤身上的皮子。也就是说，无损伤的皮子，才是制作三味线琴鼓的最佳材料。再者，猫腹部的皮子是最薄最软的，用来蒙三味线的鼓当然最合适不过。

据三味线乐师讲，用六七个月的猫皮做成的三味线音色是最优等品。两三年的猫皮，再怎么完好无伤痕，做出来的三味线也只能是劣等品。同样都是六七个月的猫皮，公猫与母猫的皮子有差别吗？总的来说，它们之间没有太大的差别。只是母猫比公猫性格温顺，受伤的可能性小一些。从这个意义上讲，匠人在制作三味线时，更多选择的是母猫的皮子。

那么，匠人们一般都会选用什么毛色的皮子呢？白色最好，虎猫次之，黑猫最差。这就是说，用白猫和虎猫的皮子的制成品是纯白色的，而黑猫的皮子再怎么加工也都是灰暗色的。归纳起来讲，制作三味线以出生六七个月的白色的母猫皮为最佳。所以，家里养着白色幼猫的诸位，一定要严加防范，不要让“猫小偷”给盗走了。饲养虎猫的朋友们也要小心在意，决不可掉以轻心。而假如您家养的是黑猫，大概不会有人来偷了去做三味线。可养猫并不只是为了做三味线的材料吧？所以，还是应当好好地爱惜才是。

那么，那些做三味线用的猫的皮子，在市场上又是什么价格呢？原本，行情的高低也是变化的，白色的优等生皮，每张大约七八十钱。二三年生的黑色皮子，每张大约十钱。而精制的优等皮子，每张大约一元八九十钱。劣等品每张在四五十钱。由于市场上三味线的需求量很大，所以，猫皮的需求量也就很大。因此，每张优等生皮的价格也能卖到七八十钱。这对于“猫小偷”来说，也是不错的营生啊。

“猫小偷”，人如其名，他们一般是用巧妙的手段诱杀猫咪。所以，除了自己加强保护之外，再也没有别的办法。不过，作为政府来说，应该给猫登记入册，通过行政手段做好对猫的保护工作。

猫的毛可以用于制作毛笔，市价每束三元左右。刚才讲了猫皮用于做三味线能够卖高价，我已是于心难安了。就恕我不再介绍猫皮与猫毛的制作方法了吧。

喵喵……

附录一　猫之种种

猫蹲着的时候，脚必须并拢，尾巴必须卷曲起来，会变成驼背。如果是人的话，驼背是很丑陋的，然而猫的驼背却有一种特殊的可爱。

猫的种类

据史料记载，早在四千多年前，埃及人就把猫当作家畜饲养了，在印度也有三千多年的养猫历史了。而在我们日本，猫是与那些堆积如山的佛教经卷和佛像一起，作为它们免遭老鼠啃咬的“保护神”被引进的。如今，猫的分布已经非常广泛，几乎可以说遍地都是，不再是稀罕的物种。

猫属于猫科动物，不仅分布广泛，而且品种繁多。若想做出准确的分类，实在不是一件容易的事情。即便是学问和经验兼备的猫类专家，也感到很为难。有的人将猫分为“欧罗巴族群”与“亚细亚族群”两大类，也有人以“东洋原产长毛种”与“欧洲产短毛种”来区别它们。实际上，这两种分类方法都是错误的：前者的概念过于模糊，完全没有直观的形象；后者则过于烦琐，容易引起谬误。专业上的分类，暂且还是留给专家们来日再做结论吧，我在这里只是想介绍一个读者一看就能懂、一听就记得住的分类方法。第一是根据毛的长短来区分，第二是根据有无尾巴来区分。也就是说，在第一种分类方法中，毛长的就叫作“长毛猫”，毛短的就叫作“短毛猫”。后者则不用去管它尾巴是长还是短，有尾巴的称之为“有尾猫”，没有尾巴的就称之为“无尾猫”。不过，根据有无尾巴来分类的办法，也存在着一些不确定的因素。所以，我认为，猫的种类区分，还是以毛的长短为标准，似乎更加牢靠。不管它是亚洲品种还是欧洲品种，也不管它是有尾巴的还是没尾巴的，我认为，都可以编入“长毛猫”或者“短毛猫”的队伍之中。也就是说，本邦产的猫，无论它是纯白色的、虎皮色的、花色的，还是长尾巴的、短尾巴的，都一律归入“短毛猫”的行列；而波斯猫、安哥拉猫，则全部算作“长毛猫”。

在长毛猫当中，又主要有以下四个品种：安哥拉猫、法兰西猫、波斯猫和俄罗斯猫。我查阅过欧洲学者研究猫的有关资料。他们认为，安哥拉猫其实并不是独立的品种，而是波斯猫当中的一个变异品种，说到底，还是可以归入波斯猫的。俄罗斯猫也是波斯猫的一个分支，从形态上来看，虽说确实与波斯猫有一定的差别，据说那主要是因为气候变化而造成的。法兰西猫也属于波斯猫的一种，只是这种猫在进化过程中变得特别善良。据记载，那是由于大量僧侣长期饲养，导致了法兰西猫如今善良的习性。总之，在欧美备受人们喜爱的“长毛猫”，追根溯源，都可归为波斯猫。我前面是将它们分成了四个类别，而事实上，若想准确分辨这四个类别而不出差错的话，是一件特别难的事情。据说，英国在举办猫展会时，审查官实在没有办法，只得将所有“长毛猫”都一概算作波斯猫。如上所述的安哥拉猫、俄罗斯猫、法兰西猫，还有来自土耳其、澳大利亚、美国等地的长毛猫，以及近来传入日本的长毛猫，它们都是波斯猫的分支。大概是后来在饲养过程中，或者由于品种之间的杂交，或者由于气候的影响，而或多或少导致了一些变化，才有了后来的这些新品种吧。然而，每一种长毛猫确实有其自身的特点，我在这本书中给它们建立了一个小档案，以作为我前面对“长毛猫”的分类依据。这里记录的主要是安哥拉猫、俄罗斯猫和法兰西猫的一些资料。并且，我想通过对这几个种类的长毛猫的分析，进而再对长毛猫的经典种类波斯猫进行探讨，从而确定长毛猫的品种。

安哥拉猫的脑袋虽然也像波斯猫那样是圆的，可耳朵的里面长满了浓密柔软的毛，尾巴也特别长，一直能够拖到地上。身上的毛则分成内外两层，外面的一层非常柔顺光滑，看上去特别漂亮，而里面的那层毛就要粗糙许多。俄罗斯猫耳朵很大，四肢短小，尾巴就像扫帚一样。它们的皮毛粗糙坚硬，毛色不规则，以灰暗的颜色居多。法兰西猫前面已经提到过了，法兰西是养猫业最发达的国家，那里的僧侣们长期兼职饲养猫，并且拿到市场上出售。我认为，法兰西猫肯定是安哥拉猫与纯种的波斯猫杂交的后代。法兰西猫的毛特别长而且润滑，其中蓝色的猫是最珍贵的品种。

波斯猫脸很大，而且是圆形的，耳朵比较小，躯体较长。尾巴上的毛很蓬松，越往尾巴的尖端毛就愈加浓密。而且，这种猫无论身上哪个部位，长出来的毛都是一样长，给人一种特别华美的感觉。它们的毛色各种各样，既有白色的，也有黑色的，还有红色、灰色、银色、茶褐色、烟灰色、蓝色、橙黄色等。毛的形状，有的呈龟甲形，有的呈波纹状，可谓多姿多彩。说到波斯猫的玩赏价值，以脸短且宽者为珍贵，耳朵小到能够被毛覆盖、眼睛大且圆者为上品；在外形上，猫的前腿要直且粗，尾巴上的毛要尽量蓬松；虽说身上的毛一般都长得一样长，若是胸部的毛特别长，能够覆盖颈部则更好；至于背部要厚实，体格要健壮，等等，在这里我就不一一赘言了，因为这些都是人们对猫的审美的基本要求。同时，细长的或是楔子般的脸形，那绝不能算是猫脸。这种脸形不仅是波斯猫的缺陷，也是所有猫类共同的缺点。

下面，我对不同品种的波斯猫一一做介绍。

一、白色波斯猫。这个品种的猫具备了一般波斯猫所共有的头大、耳朵小的特征。眼睛如同宝石一般，散发着蓝色的光彩，给人一种十分高贵而美丽的感觉。从它那双蓝眼睛里所展现出来的千娇百媚，简直无法形容。不过，这种波斯猫往往容易出现一只眼睛蓝一只眼睛绿，或者两只眼睛都是黄色的情况。这种品相大大降低了作为白色波斯猫的观赏价值。毛色自然得是纯白的，但往往也会有黑色或灰色的斑点。

二、黑色波斯猫。这种波斯猫的毛色必须是纯黑的，其中要是夹杂一点白毛或是别的颜色的毛都不行。以眼窝深、眼睛橙色或铜黄色者为佳。蓝色或绿色的眼睛，在与毛色的搭配上，本人不是很欣赏。我们且先不要去管它的欣赏价值，单从繁衍新猫品种这一点而言，这种特性对于黑猫与上面说到的白猫一样，都是必不可少的。

这个特性也不只限于波斯长毛猫，是所有猫类繁衍新品种的共同要求。

三、金色波斯猫。这是波斯猫中最美丽的品种，它身上的毛看上去是隐约的白色，毛的末端略带灰色，然而，它通体毛色的光泽却是古典的金黄色。这种古典的金黄色正是它们最典雅、最美丽的色彩。它的眼睛就如同可爱的绿宝石一般，也有部分眼睛是橙色的。它的体格较之其他品种的猫要小一些，脸也要窄一些。母猫的上述特征就更加明显。这种猫在小的时候，身上的毛色往往是暗灰色的，但千万不要以此来断定它们长大之后毛色就不会变成金黄色。

四、蓝色波斯猫。这个品种的猫是波斯长毛猫与其他带蓝色的猫杂交而成的。这种猫的毛，长度要比波斯长毛猫的毛短一些，但又要比短毛猫的毛长一些。这种猫的毛，就得像它的名称（蓝色）那样，以全身没有杂色，全都是蓝色，并且有光泽者为贵。它的眼睛大而深，呈黄色或闪耀着光彩的琥珀色。据说，这个品种当中也有绿眼睛的，但那不是我所喜爱的。它们耳朵娇小，且能被浓密的体毛覆盖。这种猫的脸上，总是带着一种令人不忍舍弃的可爱表情。当然，其中也会出现大耳朵，或下巴上长白毛抑或其他颜色毛的。家里养这种猫，或是打算饲养这种猫的朋友,一定要留意它们的这些特点。

五、波斯花猫。这个品种是由各种各样的波斯猫杂交而成的。在以蓝色、黑色或白色等纯色为贵的波斯猫中，这种花猫很难得到人们的欣赏与宠爱。但花猫也有十分漂亮的,其中既有三色猫,也有两种颜色的猫。不过,花猫漂亮与否，是与毛色的搭配相关的，若是毛色长得很杂乱,就会显得丑陋。就这一点而言,不只限于波斯猫,其他任何宠物都是如此。波斯花猫还分斑点猫与条纹猫两种。斑点猫无论是白色与黑色的搭配、金色与白色的搭配，还是白色、黑色与金色三种颜色的搭配，或者其他什么颜色的搭配，都是以图形规则为上乘。条纹猫也必须要有一种底色，这样身上的整体条纹才显得清晰。波斯花猫眼睛的颜色各种各样，一般来说，金色花猫的眼睛是绿色的。当然，也可能会有其他的颜色。

六、烟灰色波斯猫。在这个种类的波斯猫当中，既有蓝烟色的，也有暗烟色的，还有烟黑色的。那种烟黑色的猫，往往毛的根部是白色的，毛的尖端又带着烟灰色，还带点暗灰色。乍一看上去，这种猫的毛色显得有些苍白，耳朵周围的垂毛看上去也是同样的颜色。蓝烟色的猫，毛的根部也是白色，毛的尖端呈暗灰色。颈子的周围白毛丛生，耳朵上也有垂毛。并且，这种类型的猫，脸部呈很深的暗黑色，眼睛一般是橙红色，而且特别大，给人一种特别可爱的感觉。但不知为什么，它们在西方国家却不那么受人宠爱。不过，就总体而言，烟黑色的猫要比蓝烟色或暗烟色的猫更加受到人们的喜爱。

以上我所说到的六种波斯猫，是属于比较能够清楚分类的品种。如果要更加仔细地甄别它们，根据毛色逐一论述的话，实在是一项很复杂的工程，也不是我这种学识浅薄的人能够胜任的。好在，它们最终还是都得归集到波斯长毛猫当中来，所以，我们了解波斯猫的这些情况也就足够了。

下面要介绍的是短毛猫。在欧洲，若是说到长毛猫，一律都是指波斯猫；与之相对，若是说到短毛猫，则一律都是指英国短毛猫。尽管如此，这也只是欧洲人识别猫种的一种方式而已，他们将长毛猫一律叫作波斯猫。实际上，短毛猫的分布地域是很广泛的，几乎全世界各地都有，我们日本的猫种也属于短毛猫。要是根据毛色来进行分类的话，可以分成很多种。就像朝鲜有朝鲜猫，中国有中国猫，泰国有暹罗猫，印度有印度猫一样，任何地方都有自己的“短毛猫”。所以，要是硬把世上所有的短毛猫都说成是“英国短毛猫”，岂不是极大的谬误？但有一点不可否认，那就是短毛猫的绝大部分品种在欧洲。为此，我们即便心存疑虑，也不得不尊重这样的现实。

如前所述，短毛猫在地球上的分布极其广泛，种类繁多，它们的毛色、体格也不同。一般来说，这种猫较之长毛的波斯猫，体格上要健壮许多，其中不乏性格温存的品种，饲养起来也要容易许多。如今在日本，养猫更多的是处于一种对其自由放任的状态，如此，短毛猫健壮体魄的优越性愈加突显。短毛猫不像长毛猫那样需要主人万般精心呵护，所以价格也比较便宜。从兼具玩赏与捕鼠两项功能于一身这个方面来衡量的话，短毛猫当仁不让。从这个意义上来讲，短毛猫是珍贵的。不过，欧洲人养猫，就像养金丝雀那样无上宠爱，在他们眼里，比起粗笨的短毛猫，长毛猫自然要宝贵多了。

以上说的是短毛猫的大致情况。下面我再来对不同品种短毛猫各自的特点与性情做些介绍。

一、暹罗猫。在短毛猫中，就数暹罗猫最昂贵了。它们身上的毛呈暗褐色，脸与眼睛四周分布着黑色的斑点。由于耳朵和鼻尖都是漆黑的毛色，有着一种特别招人喜欢的可爱劲。尾巴属于短而粗的类型，眼睛则是蓝色的。平时喜欢群居，与人特别亲近。同时，它面部的表情很像犬类，显得丰富而具有灵性。所以，这种猫可以说人人都喜欢吧。如果要说有什么不足的话，它唯一的缺陷就是声音有些嘶哑，不像其他猫叫声那么绵柔可爱。

暹罗猫要是能将这种嘶哑的嗓音改良成柔和悦耳的声音，就不知道会有多么招人喜爱了。即使在欧洲，暹罗猫也是备受宠爱的。日本有少量引进，但也许它是生活在热带的动物，难以适应日本的气候，所以在繁殖方面遇到了比较大的困难。外山博士曾经答应给我一只暹罗猫，可最后还是没有能够兑现。也有朋友家里养着暹罗母猫，我就想向他讨一只哪怕是与其他品种杂交的猫，可最后还是没有成功。有英国相关研究人员曾经说过，想得到暹罗猫是一件特别难的事情；与其总是想着暹罗公猫与母猫交配产下的猫崽，还不如买人工授精的暹罗猫来得更加方便。

二、阿比西尼亚猫。这种猫的性情与暹罗猫比较接近，但从与人的亲近感方面来看，似乎还要略胜暹罗猫一筹。它的动作十分柔顺且优雅，是一种很适合饲养的猫类。它的体格较小，动作十分敏捷。脸也比较小，猫爪尤其显得可爱。在毛色方面，它们最显著的特点是，从头部开始，到背部中央，再到尾巴的尖端上，有一条黑色的条纹。身上毛的颜色一般是红褐色与黑色的条纹。此外，皮毛的光泽也显得特别美观。

三、蓝色短毛猫。平常被人们称为“俄罗斯短毛猫”的，就是这个品种。之所以会这么称呼，那是因为在英国及其周边国家还没有出现这种猫的时候，人们首先在俄罗斯发现了它们。这种猫作为短毛猫中相对美丽的品种之一，广受爱猫人士宠爱。它们的毛色就像名字一样，是蓝色的，眼睛是深橙色的。这些都是它们之所以能够集众多宠爱于一身的主要因素。这种猫以脸阔而短——最好是圆形、耳朵小而尖、前肢粗而短者为珍贵。由于这种猫是由短毛的花色母猫与黑色公猫交配而成的杂交品种，所以，除了纯粹的蓝毛之外，还有其他各种各样的毛色。在饲养这种猫时，猫崽出生后，不能因为它们身上有花纹就将其遗弃。虽然不能说是百分之百吧，但许多小猫长大之后，毛色也会发生变化，花纹慢慢就不见了，取而代之的往往是一身美丽的蓝毛。

四、短毛花猫。由于花猫的毛色种类繁多，要想一一列举实在太困难。总体而言，只要它身上的底色是艳丽的，花纹是美丽的，这样的品种就可以称得上是上品。脸的形状、四肢的长短等，只要符合平常人们的审美标准就可以了。这种猫眼睛的颜色，与身上的底色以及脸上的花纹一起，构成可爱与否的重要条件。具体我在这里也无法一一列举。不过，若是身上的花纹呈龟甲状的话，那就非常漂亮，可以算是上品中的上品，远远胜过波斯长毛猫中的许多品种。

五、曼岛无尾猫[①]。这种猫之所以称为“无尾猫”，是因为它们连尾巴的痕迹都没有。这是这个品种的猫最突出的特点吧。这种猫还有一个很奇异的传说。说是在很早以前，西班牙人航海经过曼岛[②]时发现了它们，便将其带到了西班牙，很快就在欧洲大陆繁衍开了。人们给这种猫起了“曼岛猫”这个名字，大概是想告诉世人这种猫的产地是曼岛吧。曼岛猫的性格特别温和，不仅在猫类之间，即便是与犬类相处，也都十分和睦亲善。它的毛色既有黑色的，也有白色的，臀部越圆越好，其他方面与别的猫种没有区别。

① 曼岛无尾猫：指在英国的曼岛上发现的一种无尾猫的种群。

② 曼岛：也称马恩岛，是位于英格兰与爱尔兰间的海上岛屿。曼岛是英国皇家属地，但在法律上不受英国管辖，有独立政府自治。

六、黑色与白色的短毛猫。不用说，纯黑或纯白色的猫都是特别惹人喜爱的。纯黑色的猫，如果不尽量多地给它们肉吃的话，其毛色会慢慢地变成灰褐色。这种猫的毛色要黑得如同乌鸦一般，才能称得上是上品。要是变成了灰褐色，观赏价值就会大打折扣。当然，纯白色的猫也一样，平时需要喂食大量的肉类，否则，也会影响它们毛色的光泽和观赏价值。这种猫的毛一旦被弄脏的话，就显得特别难看，所以在饲养的过程中必须特别小心。另外，纯黑色的猫，若能配上金黄色的眼睛，看上去就很美；而纯白色的猫，以蓝色的眼睛为珍贵。至于脸形和体格等方面并没有过多的要求，只要符合普通惹人喜爱的猫的条件就可以了。

我以上所介绍的，都是欧洲人对猫的一些研究，基本上是抄录的。如此，有助于帮助读者诸位了解其他国家和地区养猫方面的情况。我上面所介绍的这些猫，有许多已经传到了日本，有些品种还在引进当中，估计今后还会越来越多。因此，我相信，随着引进品种的不断增加，对猫的研究将来会越来越全面。接着，我想谈谈日本猫，主要涉及日本猫的毛色、脸形等方面。不过，遗憾的是，在利用某种毛色的猫进行两性杂交以获取新品种方面的研究，我还没有开展。我只好简单地介绍本国猫类毛色方面的知识。至于学理方面的实验结果，就留待以后再写吧。

日本的猫类属于短毛猫，即便它们的毛长短不完全一样，也都离不开短毛猫这个范畴。它们的体格符合短毛猫的特征，耳朵大且是裸露的——也符合短毛猫的特征。它们的脸既有圆脸——短且宽，也有楔子形的。前者最典型的是平太郎，后者最典型的则要数彦次郎。[①] 日本猫的躯干给人一种浑圆的感觉，因此，也有称之为“筒猫”的。尾巴的长度不确定，有长有短。不过，即使尾巴再短，也没有“无尾”的。我曾经在信州宫坂的一个人家看到过接近“无尾”的小猫，但那并不是“无尾”，只是尾巴特别短而已。下面，我将平太郎、彦次郎，还有彦次郎的母亲阿驹的身长、脸形、尾巴等的尺寸记录如下：

名称	身长	尾长	脸形	
			长度	宽度
平太郎	43.3 厘米	9 厘米	9.6 厘米	13 厘米
彦次郎	50 厘米	25 厘米	8.3 厘米	10 厘米
阿驹	46.6 厘米	25.6 厘米	8.3 厘米	9.3 厘米

① 平太郎和彦次郎均为作者家养的猫的名字。

根据上表，我们就能对日本短尾猫身体各部位的尺寸有个大概的了解。猫身上毛的长法也是各种各样的，有的长得很清爽，有的长得很浓密。眼睛的颜色基本上是黄褐色，也有蓝色夹杂橙黄色的。我家彦次郎的眼睛就是蓝色夹杂橙黄色。其实，日本猫的一大特色，就是眼睛的颜色很好看。

日本猫中除了纯黑色，其他纯色的猫很难见到。蓝色、烟灰色的就不用说了，纯白色的猫也几乎见不到。或许，纯白色的猫只占猫群千分之一的比例吧，我们不妨将其认定为稀有品种。最常见的是白色与黑色（即黑白花猫），白色与茶色（即虎猫），以及白、红、黑三色（即三色猫），再就是被称为“鲅鱼猫”[①]的银灰色猫和纯黑色猫等。另外，还有紫鼠色的猫，以及其他各种颜色的猫，但就数量而言，完全不能与我上面所说的那些猫相比了。一般来说，三色猫以及黑白花猫身上的图案都呈斑点状，而白茶色的虎猫以及被称为“鲅鱼猫”的银灰色猫，身上的图案大多是呈条纹状的。传说中的如龟甲状的那种高贵的猫，我从来就没有见到过。总而言之，日本猫在品种的改良方面，还有着很大的空间。

---

① “鲅鱼猫”：指身上的花纹像鲅鱼的猫。

猫的形态美

我们说，世上所有的生物都是美的。有趣的是，人们通过众多的生物发现美，而这种美对于人与生物而言，似乎又是相通的。例如，狗的美丽会给狗类自身带来喜悦，同时也愉悦着人类；猫的美丽在给猫类带来喜悦的同时，也同样愉悦着人类。也就是说，猫类、犬类自身所感觉到的美丽，与人类对它们的美丽的感受是完全一致的。

我这样说，并不意味着在美的认知方面，将人与狗、猫等同起来。有人说，那是因为人们在饲养狗或猫这些宠物时，是根据自己的喜好做出的选择。人们既然选择了它们，自然也就是自己所喜欢的。但我认为这样的说法是荒谬的。那些野外的孔雀、野鸭、鸳鸯，人类不是没有选择的机会吗？它们身上的羽毛不是在给予它们自己愉悦的同时，也愉悦了我们人类吗？我认为，这是更强大的力量支配的结果。这种力量的存在，使得人类与生物具备了同样的审美情趣。而这种力量的根本所在，便是生物的生殖和繁衍。

不用说，像狗、猫这些家养的动物，都是可以根据人类的喜好进行选择的。野生动物也会为自己寻找好的配偶，优化自己的族群。若非如此，我们即使能够勉强解释狗、猫之类的家畜的进化情况，但对于野生动物就没有任何的发言权了。比如我们刚才说到的孔雀与鸳鸯，它们并没有人工干预，不是也进化得十分美丽吗？

姑且不论那些长相漂亮而又价格昂贵的波斯猫，我们还是来看看日本猫吧。与欧洲的猫类相比，日本猫在毛色、眼睛等方面，也具有自身的特色，谈不上谁优谁劣。虎猫有淡黄色的底毛、深黄褐色的花纹，“鲅鱼猫”有银灰色的底毛、黑色的花纹。虎有虎的样子，鲅鱼有鲅鱼的样子，身上的纹理清晰，一丝不乱，多漂亮啊！身上那些白的地方，给人一种如同莹雪般可爱的感觉；而最能体现美的脸部，色彩也搭配得当，尤其是眼圈周围美丽的皮毛，更能引起人们的爱怜。花猫也是如此，身上的花纹一点也不显得杂乱。有的猫身上黑毛多一些，有的猫身上黑色斑点多一些，也有白色、黑色与褐色三种颜色搭配的，这些都是广为人知的事情。但从来都没见到过它们色彩搭配得很丑的。

日本猫脸上的毛色搭配也是很美丽的。有些猫鼻尖上的毛是黑色的。当然，人要是长了个红鼻子，那是丑的象征。但猫鼻子要是黑的，那就是一种可爱，不仅不会影响到整体美，反而增加了它的美感。这大概就是天生造化的妙用吧。这主要还是它们自身基因遗传的关系，再加上我们人类的喜好，就带来了这种美的享受。

正如我前面所说的那样，猫一方面向人们展现自己的美丽，另一方面又是美的欣赏者。就这一点而言，母猫的有些举动实在有些令人难以理解。我观察过阿驹，它会自己咬死那些毛色难看的幼猫。而且，如果家里人说某只幼猫长得丑，用不了多久，这只幼猫就会被阿驹咬死。虽然后者是偶尔才发生的，但这个“偶尔”要是发生过几次的话，岂不也很能说明问题？而前者几乎是所有母猫的共同行为。

这一切都说明，猫期盼美的降临，忌讳丑的到来。而有意思的是，它们判别美丑的标准，居然与我们人类是一致的。

猫是爱美、爱干净的动物，但由于捉老鼠、取暖抗寒，或者交配等，难免会弄脏身上的毛色。所以，在饲养猫

的时候，若想维护猫的毛色美丽，最重要的是不能让猫养成钻灶坑的坏习惯。最好三天给猫梳理一次身上的毛。要是猫身上弄得太脏了，就得用温水给它们洗澡。洗完澡后，一定要将它们身上的毛弄干。身上的毛如果是湿的，它们会满地打滚，把身上弄得更脏。用温水洗过澡之后，最好能用海绵反复吸干它们身上的水分，并且把它们拴起来。不过，如果用梳子就能把它们的毛梳理干净的话，就尽量不要给它们洗澡。

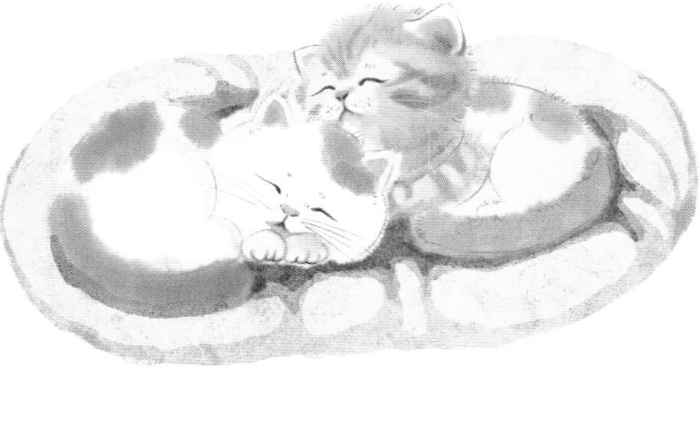

以上所述，涉及了猫的外在美，也是“猫美学”最主要的方面。当然，猫的体态也绝不是可以忽视的。猫蹲着的时候，脚必须并拢，尾巴必须卷曲起来。它们睡觉的时候，必须蜷曲身体，呈圆形。猫蹲着的时候会变成驼背。如果是人的话，驼背是很丑陋的，然而猫的驼背却有一种特殊的可爱。猫睡觉的时候会做出种种慵懒之态，但正是因为在没有恐惧的安乐环境中睡眠，对于猫来说是天堂般的享受，也就不管睡相的好坏了。总而言之，猫身上的皮毛之美，就如同美术作品一样，体态也是那么惹人喜爱。如果是一个少女怀抱着一只小猫，即便再不喜欢猫的男子见到了，想必也会回头看几眼吧。也许，他会故意否认这个事实，辩解说：“我看的哪是什么猫，是那个窈窕淑女啊。”

猫的习性与寿命

据说，有人一听到猫的叫声就烦躁。也有人认为，猫外表温柔，内心凶恶，所以就很讨厌。这是涉及个人爱憎的问题，我不便妄加评论。从喜爱者的角度来看，猫的叫声是温柔的，猫的外表是温顺的，这些恰恰是它们的可爱之处。而且，就猫的本性而言，它们绝非什么凶恶的动物——总没有狮子、老虎那么凶狠吧？即便是狮子、老虎，看看它们带着自己幼崽的样子，不也是爱意无限、温情脉脉吗？无论是狮子、老虎，还是猫，对于给它们投喂食物的人，不都很友好吗？对于那些爱护它们幼崽的人，不都会感恩吗？只有当人类极其残暴地捕捉狮子、老虎的幼崽，夺走猫的幼崽时，它们出于母爱的本能，才会奋力用爪牙自卫，这难道有什么错吗？再说那些吃饱了安安静静睡觉的猫吧，何曾见过它们有张牙舞爪、袭击人类的举动？和平的生活环境是它们之所欲，吃饱肚子是它们之所欲，幼崽是它们之所欲，人类只要不伤害它们的话，它们就是和平的天使。

当然，一旦激怒了它们，它们也必定会露出狰狞的面目来反击。但这绝不是它们的本性使然，只是一种迫不得已的自卫行为罢了。要说狰狞可恶的话，还有什么动物能比得上人类？刀剑枪炮，哪是动物们能够抵挡的？狮子虽然威猛，但在人类制造的武器面前也只能甘拜下风，更不用说像猫这么弱小的动物了，连孩子都可以随意把它们扔进河里。那些手里拿着枪炮进攻别人的人，却将猫的自卫行为看成“恶”，岂不过于强词夺理？再退后一步讲，猫即使有些过激行为，那还不是被人类逼出来的？

猛兽之所以会成为猛兽，按照查尔斯·达尔文的理论，是因为人类容不得它们，在漫长的狩猎时代，不断地猛烈追击它们，才使得这些动物逐渐变成了猛兽。我也是达尔文理论的信奉者，我认为动物之所以失去善良的本性，根本原因在于人类的野蛮行为。人类的祖祖辈辈都这么凶残地对待它们，它们不磨砺自己的爪牙，难道就那么坐以待毙吗？说到底，假如人类的本性是温和的，狮子、猫等动物的性情也应该是温和的吧。所谓“狰狞的面目”，应该说都是愤怒情绪下的一种性情表现。我想，我们这个时代的人应该都懂这个道理。可是，我经常听到有人如此非难狮子、猫等动物。人们以猫有爪牙为由，将其视为凶猛的动物，而不说拥有枪炮、随时都会挑起战争的人类凶残，这样的谬论难道还要一直持续下去吗？

下面，我们再来说说猫的寿命。坦诚地讲，这个问题我很难做出定论。不过，就我所了解的范围而言，猫的寿命最长也不会超过二十年。我茨城县的一个朋友，家里养的那只猫五年前死掉了，当时是十九岁。这不是瞎说。那家人家有个孩子与那只猫是同一年出生的，他俩同岁，一起长大。也就是说，猫死的那年，孩子正好是十九岁，所以这个数字绝对不会有差错。据我那位朋友讲，那只猫十四五岁时，嘴里的牙齿就全部掉光了，就像七八十岁的老人一样。然而，在那之后，它还每年都生产一只小猫咪。由此可知，十二三岁的猫，至少相当于人类五六十岁的年纪吧。但是它每年还能生产一两只小猫，就说明猫的衰老期特别晚。

从生理上讲，猫在出生后六个月左右就成年了，十二个月左右进入交配期。如果像人们所说的那样，动物的寿命是进入交配期时年龄的五倍的话，那么，猫的寿命就只有五岁，最多也就七八岁。事实显然不是如此。就算我前面说的茨城那位朋友家的猫是个例外，但活到十岁左右的猫并不罕见，活到十三四岁的猫也是有的。也就是说，猫并非短命的动物。要是说寿命的长短是由进入交配期的年龄决定的话，那人类的寿命大约是七十五岁。这就是说，猫的五岁就相当于人类的七十五岁了。可是，不是有很多七八岁甚至十岁的猫吗？因此，我认为这个说法是不适合猫的。猫能够活到十九岁，就相当于人类当中也有“八百比丘尼”[①]一样，很稀少。这样折算的话，猫的寿命要远比人类的寿命长得多。

这里有一个关于猫的疑问，需要向诸位交代。有传说认为，大多数猫都不愿意给家人看到它们临死时的样子。对此，我做过实验，确实如此。并且，欧洲作家的此类作品中，也有这样的记载。不过，有个爱猫的人说他家的猫不是这样的，而且恰恰相反，猫临死时是跑到主人跟前咽的气。可是，大部分猫是不愿意给家人看到

① “八百比丘尼”：这是日本民间的一种传说，日本全国各地都有，福井县小浜市是这个传说的起源地。据说有个比丘尼吃了人鱼肉而活到八百岁。此外，在小滨市青井的神明神社，也有自德川幕府时代就开始供奉的八百比丘尼像。

它们临死时的样子的。这可能是由猫的性格所致吧。我很难就这种说法的真伪做出定论，但在这之前，我家养的那只名叫阿花的母猫，临死时确实如此。阿花在死前三天左右，就悄悄地跑到离家比较远的旱地里，静静地等待死亡的降临。由此可见，这个说法似乎是对的。可也有与这种说法相悖的个例。

我家的那只雄猫平太郎，比阿花死得要晚一些。我们一直把它放在屋子里治病，它的病情也不见好转。到后来，它就只能靠鸡蛋、牛奶勉强维持生命。但每逢大小便，它都要从自己睡觉的地方，摇摇晃晃地走到院子里去。家里人看着它病得不成样子，说不出有多心痛，同时，它那种规规矩矩的行为，令我们感到惊讶和感动。这件事情对于我来说，是一个悲伤的纪念。

总之，就猫的本性而言，它们是一种性情温和的动物，只有在遭受到攻击或威胁的时候，它们才露出凶狠的样子。它们的寿命与其他家畜相比，应该算是长寿的。上面提到的“不愿意给家人看到它们临死时的样子”，确凿与否，很难下结论。虽然有人做过这方面的实验，可也不能就认为是定论吧。我在这里只是作为一个疑问提出来，期待有识之士指教。

猫的毛色与雌雄

猫的毛色各种各样，关于这一点，我在前文已经做过一些交代。而在这里我想介绍的是另外一个方面。我对日本猫的毛色与雌雄之间的关系做过一项调查，结果表明，在虎猫中，母猫少而公猫多；在三色猫中，公猫少而母猫多；在黑猫中，公猫多而母猫少。当年我利用去各地旅行的机会做了这项调查，一共调查了 11 户朋友家养的 42 只猫。我担心这样的调查结果可能会带有局限性，后来就又扩大了调查范围，对 358 只猫的毛色与雌雄关系进行了调查，让我们来看一看这次的调查结果吧。

毛色	母猫（只）	公猫（只）	合计
虎猫（白、茶二色）	18	103	121
三色猫（白、茶、黑三色）	86	4	90
黑猫（黑色）	5	38	43
花猫（黑、白二色）	59	45	104
合计	168	190	358

这里需要说明的是，我的这项调查是随机进行的，完全没有一定之规。从上表统计的数字来看，虎猫一共是121只，母猫18只，公猫103只；三色猫则与之相反，共计90只，其中母猫86只，而公猫只有4只；黑猫显示出的结果也有些奇特，共计43只，母猫只有5只，公猫却有38只，公猫占比特别大；黑白花猫公母基本上相等，只是公猫要略微少一些。这个调查结果是想告诉人们什么呢？那就是因为公猫不怎么捕老鼠，所以为了捕捉老鼠而养猫的人家，在选择猫的品种时，就不能忽略这个因素。当然，我的调查范围既小，也没有什么规则，对调查结论正确与否确实没有把握。但是，这个结论，恰恰与民间所流传的“三色猫公的少，虎猫母的少”的说法是一致的。因而，我对自己调查结论的正确性就有了信心。

在日常生活中，人们默认三色猫基本上都是母的，而虎猫基本上都是公的。而且，这样的情况不只在日本一个国家有。从资料看，西洋猫公母的比例也大同小异。他们那里的实际情况也许与上面表格中所统计的数字不完全一致，但虎猫公的多，三色猫母的多，黑猫公的多，这样的一些基本事实都是一致的。那么，是什么原因导致了这样的结果呢？实在抱歉，我没有能力做出结论性的阐述。当然，其中缘由我也并非一无所知，只是暂时作为一个疑问留存起来，恭候笃学之士的指教吧。

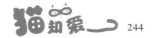

猫的雌雄、毛色与捕鼠能力

作为猫，没有不会捕捉老鼠的，只有灵巧与笨拙之分、捕得多与捕得少之分。总之，捕捉老鼠是猫最起码的看家本领。因此，在某种意义上来讲，猫才是世上最佳的“捕鼠器”。不过，从我的实验结果来看，由于人们对猫的饲养，猫完全失去捕鼠本领的情况也是有的。当然，如今欧美的那些备受人类宠爱的长毛族群的猫，捕鼠的能力天生不足。我们先放下那些先天就没有捕鼠能力的猫不说，暂且把所有的猫都当作捕鼠的能手来看。在捕鼠方面，公猫与母猫有什么区别？猫的毛色与捕鼠之间有什么关系？我虽然还不能完全确定，但想通过实验数据做简单说明。

我四处寻访，对174只猫进行了调查，从它们的毛色、雌雄与捕鼠能力等角度进行了统计，结果表明：捕鼠能手当数三色猫中的母猫、黑白花猫中的母猫，还有黑猫中的公猫。不善捕鼠的猫则有虎猫中的公猫和黑白花猫中的公猫。纯黑的母猫以及其他的杂色猫的捕鼠能力问题,我在这次的调查中遗缺了,因而在这里不能得出结论。另外,纯白色的猫根本就见不着,就像三色猫一样稀有,想必捕捉老鼠没有问题吧。

三色猫的母猫:捕鼠能力强的 40 只;捕鼠能力弱的 5 只。

纯黑色的公猫:捕鼠能力强的 20 只;捕鼠能力弱的 4 只。

黑白花猫的母猫:捕鼠能力强的 49 只;捕鼠能力弱的 9 只。

虎猫的公猫:捕鼠能力强的 6 只;捕鼠能力弱的 18 只。

黑白花猫的公猫:捕鼠能力强的 8 只;捕鼠能力弱的 15 只。

上述结果表明,各种猫的雌雄品种在捕鼠能力强弱方面差别很大。还告诉我们,虎猫的公猫与黑白花猫的公猫,在捕鼠方面是没什么用的。要说捕鼠能手,还得数三色猫的母猫。纯黑的公猫与黑白花猫的母猫旗鼓相当。不过,光凭这一点还不能马上做出断言。为什么呢？因为这次调查没有关注到猫的饲养方法与猫的年龄。不过，这个调查结果与民间流传的“母猫比公猫会捉老鼠”“三色猫与纯黑色的猫会捉老鼠”的说法是一致的。我想，这次的调查结果大致也可以作为判定各种猫捕捉老鼠能力的一个标准吧。记得有位学者曾经说过，黑猫最能捕捉老鼠。但我不知道他这样说的依据是什么。从我自己调查的结果，以及家养的黑猫的表现看，那位学者的说法在很大程度上只是他自己的凭空想象罢了。

如果只是养着玩，我以为还是西洋的波斯长毛猫，或是我们日本的毛色美观的公猫最好吧。当然，纯白色的猫再怎么难找，还有虎猫中的公猫，和黑白花猫中的公猫。纯黑的母猫要能够找到，肯定是要养的。三色公猫是被人们视作精品的，虎猫的母猫也是养猫人很珍视的。

在日本目前普通的猫几乎都没有什么价值的情况下，喂养一只即便捕鼠不那么灵光的漂亮公猫也是不错的。因为公猫看着既漂亮，也没有产崽需要照顾的后顾之忧。当然，如果是用作捕鼠，那么还是养一只母猫管用。虽然需要照顾它生崽，免不了会多些麻烦。不过，黑猫长相既漂亮，又是捕鼠能手，岂不是两全其美？

猫捕鼠能力的退化及回归

猫是老鼠的天敌，与生俱来就具有捕鼠本领。然而，由于人们的饲养，猫逐渐丧失了这种先天性的捕鼠能力，退化成了徒有其名的“猫”。就这一点而言，并没有公猫、母猫，或者毛色的差别，所有的猫都在人类饲养的过程中逐渐失去这种能力。明治三十九年（1906）的春天，我家里新添了一只叫“花子”的灰黑色母猫、一只叫“久子”的黑白相间的母猫、一只叫“藤子”的三色母猫，还有一只叫“平太郎”的虎猫公猫。自从它们来到我家，到患上皮肤病病死的一年半时间里，就连一只老鼠都没有捉过。它们作为猫，父母都是捕鼠能手，从小就不止一次地品尝过美味无比的老鼠肉。那么，后来它们为什么就再也不去想那天下第一的美味，再也不去捕鼠了呢？要是仔细追究的话，可以说，这种后果完全是我家饲养方法不当所造成的。

那时，我家住在一家鱼店旁边，附近也有许多邻居，民房可谓鳞次栉比。我家养了四只猫，总担心它们瞎跑给跑丢了，所以，平时就尽量让它们吃得饱饱的，免得去别人家觅食。记得当时，我家每天向鱼店订15钱的猫鱼，差不多是一大盘子。这样一来，家里的四只猫从早到晚，一日三餐全都是鱼肉，吃得它们都腻味了。在我们家猫的食谱上，从来没有缺过它们最爱的鱼肉这种美味。此外，我还时不时地给它们喂些牛肉、猪肉作为“加餐”。之所以这样做，主要就是不想让它们因为馋别人家的鱼肉而跑了。也许正是因为我们家供应的肉食过于丰盛，使得这些猫在食欲上已经完全失去了对老鼠的欲望。

这么一来，家里的那些猫从早到晚，唯一能做的事情就是睡觉。睡醒了，四只猫就开始到处溜达，好尽快地消化腹中的食物。接着再饱餐一顿，再去睡觉。而且，四只猫在睡觉时上下紧挨着，互相挤在一起取暖。二楼有老鼠的动静也罢，厨房里来了老鼠也好，好像根本就与它们没有关系。久而久之，老鼠也知道猫不会管它们的“闲事”，就开始明目张胆地在家里捣乱。老鼠的胆子越来越大，有时竟敢趁着猫睡着了，溜达到猫窝旁边去探险。这四只猫全都那么懒惰和贪睡。有一天，我把一只活老鼠关进铁丝笼子里，放在距离猫很近的地方，观察猫的反应。只有平太郎瞄了一眼，算是关注了一下，而其他猫连看都没看一眼，根本就没把眼前的老鼠当回事。不过，平太郎也就看了一眼，接着又睡觉去了。看到这样的情形，我真是感慨万千。如果它们真的对老鼠的味道和鼠肉的美味没有了兴趣的话，倒也罢了，可事实并非如此。当我把老鼠肉分给它们时，瞧它们那高兴劲，也是非同一般啊。这就是说，我所养的这些猫，只满足于人们所赐予的食物，而从来都没有想过自己去捕获美味。这个事实告诉我，猫的捕鼠能力的退化是不可逆转的。我们一直给猫的食物供应得很充足，初衷是不想让它们偷盗别人家的食物。最终造成的后果却始料不及——谁能料到会出现这样的结果呢？这个变化也未免太大了，真的令人十分吃惊。

完全用人为的方式去满足猫的食欲，必然导致它们部分生活本能的丧失。一般来说，猫都是以捕鼠为生的，即便不盗取邻家的鱼肉，也会去邻家捕捉老鼠以填饱自己的肚子。可是，我们家的四只猫全都不捉老鼠，完全不去履行猫的职责，任由老鼠在家里肆意妄为。当时，

我以为这只是猫一时的状态，就把它们送到了京外的田端村，想让它们在乡村恢复自己的天性。可遗憾的是，即便到了乡村，它们对老鼠也没有丝毫的兴趣。并且，送到田端村仅仅三个月，它们就患皮肤病死了，老天爷也没有能够再给它们恢复天性的时间。值得注意的是，那四只猫一直到死都没有捉过一只老鼠，也没有任何想捉老鼠的意向。

由此可以看出，我的养猫方法是改变猫本能的根本原因。我想，如果采取截然不同的方法，就能够训练出是捕鼠能手的猫。由于猫的习性是喜欢捕鼠，我们在饲养时，应该在保证它们不饿肚子的基础上，发挥它们捕鼠的本能，这才不偏离我们养猫的初衷。我现在家里养的这只虎猫平太郎，刚开始时也是饱餐终日，导致它没有捕鼠的兴趣。为了使它恢复天性，我在投放的食物上做了调整。现在，终于看到了它的变化，它已经有了捕鼠的欲望。比如，它会蹲在有老鼠活动迹象的地方，悄悄地等待老鼠的出现，有时也确实能捉到一两只老鼠。不过，它毕竟还是一只三岁的小公猫，在捕鼠的能力和经验方面还不是很成熟。在平太郎之后，我家又养了一只纯黑色的猫彦次郎。彦次郎真是个捕鼠高手，曾经在一天之内捕获到四只老鼠。从平太郎和彦次郎的经历，我们可以清楚地看到，投喂给猫的食物与它们的捕鼠能力之间有着很密切的联系。这就是说，如果要想让一只猫持续地捕鼠，就一定要适当减少给它投喂美食。这里讲的是“适当”，要是过分控制投喂的食物的话，反而又会造成它不捕老鼠。采取这样的方法，就有望训练出具有较好捕鼠能力的猫。

前面说过，要想让猫老老实实地捕鼠，不给它吃饱肚子是个管用的方法。就连白河乐翁[①]这样贤明的人士，在喂猫时也只给它们喂麦饭。他说要是不这样做的话，猫就没有兴趣捕捉老鼠了。乐翁当年的猫是怎样的情形，我们已经无从知晓，但如今的猫肯定不是麦饭就能打发的。即使是乡村的猫，至少也得喂它们鲱鱼[②]。即使喂它们鲱鱼，人家还未必满意呢。也有人认为，给猫投喂美食的做法是愚蠢的。如果不给它们投喂食物，它们就会

① 白河乐翁：即松平定信（1759—1829），日本江户时代的政治人物之一。为田安德川家之后裔，田安宗武之子、德川吉宗之孙。18世纪后期主政时期曾推行宽政改革，试图颁布若干法令，缓和社会矛盾，巩固统治秩序，可惜未成功。

② 鲱鱼：一种海洋鱼类。

好好捉老鼠了。认可这种说法的人，不仅日本有，西洋各国也有。而事实上，这样的想法也是错误的。这样做猫反而更捉不成老鼠了。

如果不给猫投喂食物，总是用饥饿的方法来对待猫的话，那将会适得其反，消耗猫的体能，使得它整天处于疲惫不堪的状态，也就没有捕鼠所需要的长时间等待的耐心和体力了。原本，捕捉老鼠对于猫来说，有“打牙祭”、改善伙食的吸引力，可它们整天肚子饿得“咕咕”叫，哪还有心情等老鼠？也就是说，与其辛辛苦苦捉老鼠饱口福，还不如随便偷点什么东西填肚子呢。实际上有些人在如何才能让猫捕捉老鼠的问题上，存在着很大的误区。他们把猫不捕捉老鼠的根本原因归结于平时主人喂养得太好，给予的食物太充足，并且认为，只要把猫关进没有食物的库房里饿几天，自然就会去捉老鼠了。这样的做法，不仅不能引导猫去捕捉老鼠，相反还会误导猫去偷盗食物。如果将猫喂得太饱，它就不去捉老鼠，这没错。但是，如果什么也不给猫吃，它也是不会去捕捉老鼠的。

在一般情况下，猫的习性就是喜欢捕捉老鼠。但是，在选择猫崽时，必须了解母猫捕鼠的情况。这里以养蚕人家为例。养蚕地区的人们在选择猫的时候，未必很在意猫的毛色和雌雄，但他们十分关注猫的捕鼠能力。那里的人们在选择猫崽时，会认真调查它们的母亲在捕鼠方面的表现，因而所选择的猫崽都是捕鼠能手。这就是说，在养蚕地区，猫的毛色、公母都不是什么问题，只有捕鼠能力这一条是人们甄别猫优劣的唯一条件。

总之，要想得到捕鼠能力强的猫，既不能饿着它，也不能撑着它，采用平常的饲养方法就可以了。最重要的一点是必须认真考察猫崽的母亲，根据猫妈妈的表现，就能了解它后代的捕鼠能力。综上所述，养猫，还是采用中庸的方法更加管用。

心理学的发展证明，虐待人类与虐待动物，在性质上是完全一样的。小孩子从六七岁开始到八九岁的时候，学会了捉蜻蜓、捕蝉。十二三岁时，开始掏家雀窝、虐待猫崽。十五六岁时，拖着小狗四处逛。十七八岁时，与兄弟争斗，与朋友反目。二三十岁时，从小培养成的“虐待”快感，马上就演变成了自己的“第二天性”。等到自己成了主人时，便开始虐待用人，与同胞离心离德。说到底，成年后的恶人，都是从小就虐待小动物的那些人。所谓“虐待”，就是残害自己手里的东西。八九岁的时候，能去折磨手里的蜻蜓的人，到了三十岁就必然会苛待家里的用人或者同胞……这些恶行，就如同一条根上长出来的树苗，大同小异，少有偏差。看世间的父母，捉来蜻蜓，用线系着送到孩子们的手上；买来龟和蟹，关在笼子里给孩子们做玩物。父母们的这些做法，给天真无邪的孩子们创造了虐待小动物的条件，在他们的心田里播下了虐待小动物的罪恶种子。等到他们长大成人后，便开始折磨用人，殴打妻子，虐待老人。千万要重视这种无言的教育，可能会给社会带来的恶果。

（刊登在《时事新报》上的作者的话）

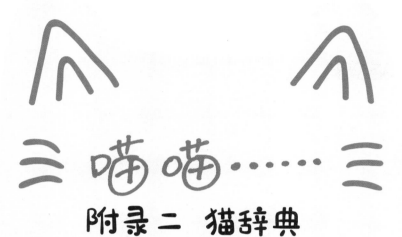

喵喵……

附录二 猫辞典

日本有俚语：“三年的恩情，三天就忘光了。”这种说法遭到爱猫人士的一致抗议。他们认为：“我们是喜爱猫才养它的，并没有期待它报恩。”

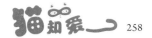

猫辞典

祢古万 这是猫的古名。古代猫不叫“猫”，而叫“祢古万”，发音也与现在“猫”的发音不同。[①]但中世纪之后，人们开始称猫为“祢古”，汉字的写法虽然不同，但发音与现在的“猫”完全一样。现在的人们喜欢给猫起名叫“驹”[②]，那是将古代的猫名前面的“ね”这个发音去掉了，仅仅留了后面的“こま”两个假名的缘故。

猫眼 指古人在扇子的扇骨上挖出的洞眼。

猫又 指年岁大的猫，是一种令人感到可怕的猫，在日语中也称“猫股”。它们的尾巴毛长得分了叉，面

① “祢古万”日语读音为ねこま，“猫”日语读音为ねこ。
② “驹”日语读音为こま。

相也特别狰狞可怖。日本古籍《徒然草》[1]中所描写的山猫[2]，就是这样的长相。

猫藤草 一种藤状植物，匍匐在地上生长。古时候，人们用它来编织草席。

猫花 一种多年生草本植物，在地上爬行生长。茎向侧面爬行能长一米多长。植物上有许多柔软的毛，而且，它的所有股叉都长着毛，因此有人说它的样子与猫很像。

猫面孔 这是以猫做比喻的一个词语。指那些表面伪装得温和驯顺，实际上功利心很强，甚至用心险恶的人。意思是说，猫外表如菩萨，内心如夜叉。但是，猫果真是这样的品行吗？在我看来，这个词语形容得很不恰当。

猫抚声 这是那些不喜欢猫的人用来诽谤猫的品行的一个词语。说的是猫在想要某样东西时，向主人发出的谄媚的叫声。平时用来形容那些谄媚的人，用温柔的声音讨好对自己有用的人。用猫的声音来做这样的比喻，对猫来说，真是太不公正了。猫想要某件东西时，向主

---

① 《徒然草》：作者为吉田兼好法师，是日本中世纪文学随笔体的代表作之一。与清少纳言所著《枕草子》、鸭长明所著《方丈记》被誉为“日本三大随笔”。

② 山猫：日本古籍中描写的特别凶恶的野猫。

人发出的乞求声，就像小孩向母亲讨要点心撒娇一样，而绝非成年人之间那种献媚取巧的势利之举。

猫背 猫在蹲着的时候，背肯定是弓着的。这个词语要是用在人身上，就是说他的样子很难看。猫弓着背，展现的是一种可爱的模样，与人的驼背完全是两码事。如此说来，人们忸忸怩怩地走在大街上，岂不是比猫弓着腰走路更难看？

猫脚 一般是指饭桌。这种饭桌的腿上部粗，从中间开始变细，样子与猫腿差不多。当然，不仅仅是饭桌，书桌、圆木桌等家具，采用猫脚造型的也很多，看上去显得很雅致。就连那些讨厌猫的人也不得不用吧。

猫鸟 在常陆国①，人们将猫头鹰叫作“猫鸟”，因为猫头鹰的脸形与猫相似。据说，以前在肥前国②，人们将猫鹭也称为“猫鸟”。

猫鹭 这是一种鹭鸟，脸形与猫相似，故而得名。近江、若狭③一带也这么称呼。

猫搔 指古时候用蒿草编织的一种席子。

---

① 常陆国：古代日本令制国之一，属于东海道行政区域。
② 肥前国：古代日本令制国之一，属于西海道行政区域。
③ 近江、若狭：日本古代的地名。

猫车 指翻越山路运送重物的车辆。

猫石 指供奉在但马国[①]养父郡养父神社境内的石头。据说，但凡向这块石头祈愿过的人，便可免遭鼠患的危害，因而深得养蚕人的崇敬。

猫天神 这是位于甲州[②]中巨摩郡龙王村的神社。相传，如果能从这家神社借到“神石”，家里就不会遭受鼠灾。所以，这家神社也是养蚕人经常前来参拜的地方。

ねこ（**猫**） 指柳絮。由于柳絮软得如同猫身上的毛一样，故有此称呼。

寝子 古时候，日本称艺人为“ねこ（猫）”。要是写成汉字的话，就是“寝子”。在日语里，“寝子”可以说是“猫”这个词语的词源。也许是猫一天之中大部分时间都在睡觉的缘故吧。

猫粪 猫在大小便之后，都会用爪子刨土覆盖。并且，在将粪便覆盖之后，还要嗅嗅周围的空气，直到一点臭味都没有了才肯作罢。这里指用各种手段掩饰自己所做的坏事。譬如，偷了他人的东西，而假装得若无其事，就称之为“猫粪”。说句公正话，猫掩盖粪便的行为，

① 但马国：古代日本令制国之一，属于西海道行政区域。
② 甲州：古代日本令制国之一，甲斐国的别称。

完全是一种良好的生活习惯，就连这一点都成了人们辱骂猫的口实，真是令人无法理解。

像猫的眼睛一样 猫眼瞳孔的大小，会随着太阳光的强弱而发生变化。正午时分，猫眼的瞳孔最细，就像一根线那么细小；然后慢慢变大，到了夜里，眼睛瞪得圆溜溜的，就像一颗珠子似的。据说，古人就是根据猫眼睛的大小来计时的，也就是把猫的眼睛当作如今的时钟来使用吧。通过观察猫眼，虽然不能获取很精确的时间，但还是能够做出大致判断的。在白天，猫眼睛的大小是随着阳光变强而逐渐变细的；而夜间眼睛变得像珠子一样圆，是因为它需要良好的视力对付天敌老鼠。它白天把瞳孔变得很细小，大概是为了给夜间储蓄能量吧。这也就是猫的眼睛总是随着时间的变化而不断变化的原因所在。人们用猫眼睛的这个现象，来形容那些说话不算数、变化多端的人，也就是指那些刚说完的事情就变化、说话办事不靠谱的人。人们在评价某个人的时候，往往会说：“他这个人就像猫眼一样善变。”所谓的朝三暮四，指的就是这类像猫眼睛一样善于变化的人吧。

猎猫藏爪 这个词语与“有能耐的猫不露爪”是同一个意思。猫平时总是隐藏着牙齿和爪子，其目的是更好地捕捉老鼠。这个词语的意思是说，一个人平时沉默寡言，才能成大气候；而那些动辄伶牙俐齿数落别人的人，不会有什么大的作为。古代的圣人都是大智若愚，表面装作什么都不知道，做出的事情却惊天动地。当然，圣人并不是不说话，而是不轻易说话。他们只要开口，就必定能够服众，就必定能够感动众人。这就如同狮子、老虎轻易不动一样。只要它们行动了，百兽就都得听从号令。

猫面前的老鼠 无论怎么弱小的东西，在比自己更弱小的东西面前也是强者。猫在老鼠面前，向来都是威风凛凛的。

给猫喂鲣节鱼干 这句话是笑话猫贪吃的样子。在喂食鲣节鱼干或是其他猫喜爱的食物时，猫总是摆出一副贪婪的样子。虽说猫在吃它们喜爱的鲣节鱼干时，样子可能有些急迫，但总不是自己偷来的吧，所以，还是不要笑话它们的好。我们人类遇到自己喜欢的食物，吃相难道会比猫好许多？

给猫喂食木天蓼 木天蓼是一种猫特别喜爱的植物，给猫喂食或用这种植物擦拭它们的身体时，猫会产生一种快感、一种特别愉悦的心情。

给猫金钱　这与给猪珍珠是同一个意思吧。即使给猫能够买到十捆、二十捆鲣节鱼干的金钱，也不如给它一根鲣节鱼干来得实惠。因为金钱对于猫来说完全派不上用场。不过，前面介绍过，人们俗称艺人为“ねこ（猫）”。这个“猫”与那个“猫”不同，他们要是见到金钱的话，心里就比什么都亮堂了。

猫舌　这是说，即便是再好的食物，猫也吃不了热的。在生活中，有不能吃热东西的人，故而用“猫舌”一词来形容他们。

招财猫　在很多店堂里，如居酒屋、餐馆等营业场所，都会在神龛上摆放招财猫。招财猫差不多都是用后腿站立，前面的两只爪子竖着，略微有些弯曲，仿佛是在招呼客人进店的样子。这是表示顾客盈门的一种吉兆。这种做法，与养蚕人家供奉独眼达摩[①]是同样的寓意。如果流年吉利，丰收了，主人就会将达摩的另一只眼睛用墨汁涂黑。也就是说，养蚕人家是将达摩作为丰收的保护神的。我真不知道在店堂里放只猫，对做生意有什么帮助？难道是为了吓唬老鼠？我想，放了招财猫的店堂里，

① 独眼达摩：这是日本民间的一种习俗。信徒买了达摩像带回家，先画一只眼睛许愿，愿望实现后再画另一只眼睛，然后送回寺庙还愿。

还得多点木天蓼香才能使它们高兴吧。

只有大暑三天，猫才会感到热 猫是一种十分怕冷的动物。猫的原产地是埃及、印度等热带地区，日本的猫是随着佛教的传入而引进的“舶来品”。据传，早在四五千年前，在埃及，猫就被当作家畜饲养了，而日本的猫则是后来为了保护佛经与佛像而引进的。而且，猫至今仍然保持着喜欢炎热气候、害怕寒冷天气的本性。根据我的实验，猫在九十度以上的高温下，才能像人类一样感受到暑热的难熬。因此，对于猫来说，比起暑热天气来，寒冷的气候更使它们难以忍受。

猫是魔鬼 一直以来，世间传说猫是具有魔性的动物，活得久了，猫就会变成“猫妖”，并且还会隐去身形，使人无法看到它们。再就是，由于猫的许多魔性行为，在古代天竺国，有些种族将猫当作神来供奉，也有些种族将猫当作魔鬼来排斥。“猫是魔鬼”的说法，想必是后者传说的延续吧。那时由于科学不发达，人们不了解猫的皮毛具有良好的导电性，难以解释发生在猫身上的某些现象，因而，这种传说深深地误导了大量民众。

猫是点燃地狱灶火的动物 相传，如果饲养猫与狗的主人进了地狱，被小鬼装进锅里之后，狗会往锅里添水，而猫则会点燃灶下的火。人们由此证明猫是一种恩将仇报的动物。因为印度是热带地区，养猫养狗的主人被装进地狱的锅里之后，狗往锅里加水，能够使主人凉快，就被认为心地善良；而猫则在灶下点火，锅里的温度就会升高，会使主人加倍痛苦。当然，这类传说差不多都来自排斥猫的那些人。这些说法也流传到了日本，成了日本本土的说法，影响了许多不明真相的人。

猫崽子 即幼猫的意思。在日本东北地区，人们将幼马称作马崽子，将小牛称作牛犊子。

养猫赛似虎 这是说家里养的猫特别凶猛，差不多就有“猫妖”的意思吧。日本古籍中也有类似记载，将那些家养的猫描写得非常凶悍。还有的人将家养的“虎猫”与古典作品中的“山猫”相提并论。当然，它们不同于“山猫”，只是养在家里的年头长了，有点类似“流浪猫”吧。

猫乳母 据《小右记》[1]记载，长保元年（999）九月十九日，一条天皇皇宫内的御猫产下幼猫。天皇给猫妈妈任命了一个“猫乳母”的官职，从而引发人们纷纷

① 《小右记》：日本平安时代的公卿藤原实资的日记，共计61卷，全书都用汉文写成。

议论。[1]当时，“猫乳母”“马命妇”都是官职名称。清少纳言在她的著作《枕草子》[2]中所写的“御猫”，指的就是这个时期皇室的猫。

流浪猫 就是野猫的意思，指那些没有固定住处的猫，也就是《夫木集》[3]中所描写的那些徘徊在野外的猫吧。那些居无定所的猫是很难与人亲近的，它们所生的小猫也是如此。

管它是猫爪还是勺子 猫冒冒失失地伸出爪子的时候,其形状看上去与勺子差不多,所以才有了这样的说法。现在人们将这句话引申为“无论是谁……都逃脱不了”的意思。比如：人生下来就注定了要死，谁都逃脱不了这个命运。

金华猫 指的是骗人的猫。并没有“金华猫”这个

---

① 据传，一条天皇特别喜爱猫，这个“猫乳母”的故事出自当时的贵族藤原实资的日记《小右记》。

② 《枕草子》：日本平安时代的女作家清少纳言的随笔散文集。主要是对日常生活的观察和随想，取材范围极广，包含四季、自然景象、草木和一些身边琐事，也记述了她在宫中所见的节会、男女之情，以及生活的感触、个人的品位好恶等。

③《夫木集》：即《夫木和歌集》，镰仓后期由藤原长清编撰的和歌集，共计 36 卷。延庆三年（1310）左右出版。该集子收集了《万叶集》以后各种版本的和歌 17000 余首，分成 600 个类目编撰而成。

品种的猫。

猫的吃相难看 不只限于鱼，猫在吃老鼠时也一样，脸上露出可怖的神情。后来，人们用猫的这种可怖面相来形容丑妇难看的面容。我真的不知道，有几个妇人会摆出猫吃鱼的那副丑态？

猫肥了，鲣节鱼干就少了 这虽然是打的一个比方，但很形象。指那些放高利贷的人，他们慢慢地变得富有了，而那些借款人却越来越贫穷了。

谦让鱼的猫 世上绝不会有这样的猫。假如有猫面对鱼而谦让的话，只能说它是假谦让，或者说是故作姿态。明明非常想要，却做出推让的样子，是为了吃得比别的猫更多。世人借用这个说法，讥讽那些嘴上推让说“不用啦，不用啦”，实际上还在不停吃喝的人。通过这样的比喻，来揭穿那些贪婪者的真面目。

猫与村长一样，什么都抓 这个说法其实具有很大的片面性。猫如果不抓老鼠，人们就会认为它不是好猫。而现在，人们认为不抓鸟、不抓雏鸡的猫才是好猫。日本村长是经管税收的官员，常常不受百姓待见。所以，人们就期待村长什么都“不抓”。用现在的话讲，就是猫与日本政府要是什么都不管就好了。这听起来虽然是一句很俏皮的话，但也体现了当时人们对于日本政府税收政策的一种不满情绪。政府收取必要的税金，原本无可厚非，但过于苛刻的捐税，会危及民众的生活，自然遭到抵抗。人们即使是从维持日常生活考虑，也会提出减少税收的要求吧。前些天，我听到一妇人闲聊说，如今的纺织品税、通行税、盐务专卖税真该早些取消，但是像壮丁税、市内庄园税等，多征收一些倒也无妨。

猫尾巴 当人们觉得某个东西派不上用场，或者帮不上自己忙的时候，就会用“猫尾巴”这个词语来形容。可是，猫的尾巴果真无用和无益吗？还得等研究之后才能下结论吧。

不捉老鼠的猫 形容那些没用的、不会办事的人。捉老鼠是猫的本能，大多数人家就是为了灭鼠而养的猫。假如猫连这个本能也丢失了，就彻底成了废物。同理，一个人如果尽不了自己的本分，岂不就如同不能捉老鼠的猫一样？

真想借猫爪子用一用 人们在特别忙的时候，常常会用上这句话。例如，天上突然下雨，外面晾晒的衣服眼看就要被淋湿，背上的孩子饿得直哭，而锅里的饭又烧煳了的时候，就能说这样的话。

猫不在，鼠翻天 这是说猫一旦不在家，老鼠就会闹腾。

猫的额头 指地方很小。如：“这屋子真小，像猫额头似的。”

猫喝茶 这是讽刺那些狂妄自大的人。猫是不喝茶的，然而，它要是模仿人的样子喝茶的话，就会摆出一副自命不凡的样子。

比猫还乖 除了捕捉老鼠，猫就再也没有别的本领了。即使主人再怎么忙，猫也装作没看见。这时，要是有个小孩哪怕帮一点点忙，主人就会表扬他“真比猫还乖”。不过，这个表扬听上去又总让人觉得有些怪怪的，因为这是拿人与猫做比较。

三年的恩情，三天就忘光了 这种说法遭到爱猫人士的一致抗议。他们认为：“我们是喜爱猫才养它的，并没有期待它报恩。”